总有一顿饭值得你亲力而为

亲力而为

值得你

总有一顿饭

梁子庚 著

中信出版集团·CHINA**CITIC**PRESS·北京

著名香港
专栏作家
———
李纯恩

跟梁子庚认识是一段有趣的缘分。

2014 年去上海拍《星厨驾到》，傍晚下机，助手就带我去了一条小弄堂，敲开后门，经过灶披间，眼前豁然开朗，窗明几净，灯光温暖，长餐桌上摆好了美酒佳肴，丰盛诱人。这就到了梁子庚工作室了。

子庚的名字早已听过，一见如故。他告诉我，2002 年从新加坡到上海打天下，人生地不熟，便在香港买了一本我写的《李纯恩吃在上海》，照着书中介绍的饭店去试了一些，为以后了解上海饮食业打点基础。所以说，我们之前虽不认识，但已有渊源了。

之后我们就成了电视节目的拍档，拍摄期间承蒙他照顾，在评委室里天天享受他提供的小灶，感念至深。在那段时间里也见识了他勤奋认真的工作态度，他一边录电视节目，一边为自己的事业东征西讨，极忙，精力极充沛。然而，又从未疏懒过对厨艺的钻研，他总是不断地创新，佳肴花样层出不穷且不吝分享，便如你现在捧读的这本精美食谱，看到的就是这位国际名厨变出的厨艺戏法，赏心悦目。

看到这本食谱的书名我笑了。《总有一顿饭值得你亲力而为》，我笑的是从来没有做过一顿饭的自己——我不会做饭。但我不怕，因为我认识梁子庚。想到这一点，我当然从心里笑出来了！

著名歌手

叶一茜

我是歌手，用声音表达我的爱和心情。生下 Cindy 后，我又多了一个新身份——妈妈。

作为妻子和妈妈，我也想为老公和孩子做出一些美味的食物，平常在家我就很喜欢给家人和小朋友做菜，正因为如此，我参加了江苏卫视的《星厨驾到》美食真人秀节目，认识了梁老师和很多新朋友。这段参赛过程记忆犹新，最开始，以一道"菠萝咕噜肉"成为那一集的第一名，踢馆成功，获得了评委们的一致好评，也让我有了继续参与节目的自信心。接下来的节目录制中，我遭遇了紧张而激烈的比赛环节，参加各种压力测试，事实上还是经历了蛮多艰辛，感谢梁老师和他的团队对我的指导，让我克服了诸多烹饪上的困难，学到了蛮多烹饪技巧和专业知识，在不断挑战自己的过程中成长。作为一个不是很懂餐饮烹饪的音乐人，意外地在这次美食真人秀节目中获得第三名，厨艺也有了很大的提升，感觉自己在整个过程中收获颇丰。

现如今的我，对于每种食材的挑选、搭配、烹饪，都会像做音乐一样用心创作。我觉得美食如音乐一样让人着迷，当音符在流淌，可以组成一曲美妙的音乐，用爱来做美食，整个烹饪过程也是一种创作，当菜品呈上餐桌，老公和孩子品尝时露出开心的笑脸，是我最大的成就。用音乐做自己，用美食经营家庭！

一边听着美妙的音乐，一边在厨房为家人做饭，总有一顿饭，值得我为家庭亲力而为！而梁老师的这本新书，深入浅出地介绍多款菜品的制作方法，不仅有家常菜，还贴心地为情侣、朋友聚会等不同场合打造了不一样的菜谱，放入了一些异国料理。菜场里就可以购买到的、随处可见的食材也可以做出美味的食物。看着这本菜谱，就可以在家中做一桌丰盛好吃的菜品。它可以让普通家庭都轻松学会，更可以系住全家的爱！

作家
悦食中国
创始人

殳俏

我所认识的梁子庚先生，是厨师中思维活跃又颇具国际视野的一个人。说起来，最初在上海的外滩三号见面时，他给人以文质彬彬的形象，若不是穿着厨师制服，他本人的书卷气还真是压过了灶台间的霸气。后来做首届悦食大会时，邀请梁先生来悦食论坛讲中国大陆这几十年来的餐厅发展史，他果然不负我对他的印象，以此题目侃侃而谈，让人感慨：一位厨师不仅能设计制作精美的料理，也能将话题纵横于天地间，把餐饮历史演讲得让人心服口服。当然，梁先生的另外一层身份还是经营者，在这个行业历练多年，有厨师、专家和老板这三重身份，那真是不易的。

而今，梁先生要出版自己的菜谱书，我自然觉得顺理成章。当然，在这个时代，越来越多厨房中人走上前方舞台，也并不是稀罕事。但梁先生以多年经验和造诣出版这本书，还是名副其实的。多年的积累到今天，沉淀下一本书的内容量，那才真是踏实的份量。

目 录 Contents

PREFACE | 序

如果你也热爱美食，请先珍惜好好吃一顿饭的幸福　刘一帆

PREFACE | 自序

美食让人觉得安全，愉悦

一个人的滋味人生 ·····································12

那时候的日子忙碌而紧迫，每天到半夜时才有些凝思的时间留给自己。而每当夜色沉静的深夜，我最喜欢的，就是跑到嘈杂的火锅馆，选择一个最角落的位置，"躲"起来吃饭。

台湾卤肉饭　18　　新加坡肉骨茶　20　　风味樱花虾饭团　22

西红柿炖牛腩　24　　酸菜豆腐炖肉　26　　一人食火锅　28

为爱下厨房，分甘同味的浪漫 ······················· 30

是的，这是我的观点，下厨是最有滋味的生活仪式。你大概可以回忆起与她相见时，去的哪家餐馆，花了多少钱，但是你未必能想起来当年吃了些什么菜。可是亲自下厨却不一样，你永远记得当天晚上那顿饭菜的味道。

紫苏梅山药面　37　蚝情万丈　38　酱烧海虎虾　40　干煎深海鳕鱼　43

脆酥肥牛金菇卷　45　蛋包饭　46　栗子菌菇炖饭　47

桃胶炖香梨桂圆茶　50　韩式部队锅　52　酸梅汤　54

一次与众不同的闺蜜聚餐 ······················· 56

虽然对我而言，"闺蜜"这个词并不太适用，但却不妨碍我设计这样一个主题的食物搭配。就像许多女性服装设计师是男性一样，作为一名合格的厨师，了解不同类别客人的饮食喜好，是必须的功课。

辣味海鲜沙律　64　雪影红媞　66　凉皮牛肉卷　68　深海珍珠蚌　70

秘制鸡腿排　72　鲑鱼炒饭　74　黑松露奶冻　76　牛油果沙律　78

缤纷水果拼盘　80　瑞士鸡翅　82　厚吐司　84　冻鸳鸯　86

忙碌而温馨的家庭聚餐 ······················· 88

一家人，有的在厨房里一边忙碌、一边聊天，有的慵懒地在沙发上看着电视、玩着手机，一句"开饭啦"，大家便各自起身，收拾桌子的收拾桌子，摆碗筷的摆碗筷，凌乱却和谐。

皂角米炖鲜鲍螺片汤　96　秘制羊排　98　白玉藏玉珍　100　鱼汤泡饭　102
云腿竹笙星斑球　104　牡丹籽油炒鲜虾仁　106　极品酱佐烟熏豆干　108
杨汁甘露佐冰淇淋　110

商务宴请考量的不是厨艺，而是情商 ·········· 112

许多人的脑海中一听到需要商务洽谈，下意识地会去寻找附近最高档抑或氛围最为雅致的场所。殊不知，商务宴请最好的地方就在身边。在家中宴请客户虽然比起外面的餐厅轻松亲切许多，但这并不意味着会将客户置于一种太过随意的场面。

蔬菜三拼　120　松茸菌炖跑山鸡汤　124　葱烤银鳕鱼　126
山核桃牛仔粒　128　干锅香辣牛蛙　130　鲜辣椒蟹　132
东北小木耳丝瓜　134

热闹而温情的"幸运锅子" ·········· 136

"Potluck"是国外常见的一种聚餐方式，光看这个英文单词也可以察觉出浓浓的趣味性。"pot"意为锅子，"luck"即幸运。在主人的提议下，几个朋友各自带着菜或甜品前来聚餐。

芬芳芋泥　144　金蒜油鸡枞意大利面　146　蒜香酥炸综合食　148
山葵沙丹虾球　150　Jereme 综合香料烤鸡　152　腐皮虾卷　154
健康大盆菜　156　梅子蕃茄开味菜　158

如果你也热爱美食，
请先珍惜好好吃一顿饭的幸福

这一年发生了两件大事，第一，我加入了顶级厨师中国版第一季担当美食评委；第二呢，在顶级厨师第二季中认识了梁子庚，Jereme Leung。梁老师是我的前辈也是朋友，他总是温文尔雅，像个好好先生，说话慢条斯理，是个细心的人；对待美食精益求精，对工作的敬爱不容置疑；他还是我的荧屏拍档，在《顶级厨师》中让选手们闻风丧胆的美食评审，也是在《星厨驾到》中和众多明星切磋厨艺的黑白双煞。

我认识的 Jereme 会为了寻找珍稀的菌菇品种亲赴云南山林寻觅采摘，也会为一道菜品的摆盘去研究中国千年的饮食文化。他会从生活点滴中汲取美食创作的灵感，所以他的作品总是精致的，并且经得起推敲。

Jereme 对中国传统菜有坚定的热爱，但他也会通过一些创意的方式，让传统美食以更精美的形式呈现在食客面前。我一直主张传承，不仅是要继承传统，更要不断改良创新，并将新料理和对美食更高品质的追求传递下去。Jereme 梁老师可谓是名副其实的中国传统菜传承者，他坚持"创作不脱离中国菜的范畴"，从创立"梁子庚餐饮概念工作室"，到在寸土寸金的外滩开办并主理"黄浦会"，他总是尽量亲力亲为。一路走来，他成功的道路并不轻松。当然，任何人的成功都不会轻而易举，正如我常说的一句话：只要坚持，全世界就会看得到你！

做我们这一行的（厨师），经常需要品鉴世界各地的极致料理，美食可以为人们带来幸福感，所以大多数人会想象，成天与美食打交道的厨师，做的是一份充满幸福感的工作，尤其是五星级酒店里面的大厨，对珍稀食材司空见惯，想必日常饮食也会是考究至极，绝不将就。

可惜正好相反的是，厨师这份工作充满了枯燥的基本功练习、刀功技法、火候掌控、摆盘创意……一样儿都不能含糊。一路摸爬滚打、努力奋斗进入五星级酒店，厨师依旧是在后台与锅碗瓢盆、油盐酱醋打交道的那一个。在服务生为顾客呈现精致的菜品的同时，自己却来不及分享美食的幸福感，就要转身投入到下一道菜的战役。

所以，对于身为厨师的我来说，好好吃顿饭是非常难得的幸福，不必追求食材多么珍稀，哪怕粗茶淡饭，只要做饭的人用心，或者只要同桌的人能让我安心，食物暖暖的吃进胃里，就是踏实的满足。

我原以为只有我这样想，直到认识了梁老师，读了他的书，才找到了共鸣，原来梁老师也算是一个孤独的美食家。

他常会在收工回家之后小酌一杯，搭配些许可口精致小菜，安静地沉淀一天的情绪。他说，晚餐吃得好，感觉一天都满足了。

梁老师的文字，就像他这个人，细腻、温和，读他的书，很容易会以为他就站在你面前，像一个许久不见的老朋友要来与你叙叙旧，娓娓道来那些他的故事或者他的所见所感。末了，他还想留你在家吃顿饭，如此亲切。

在这个世界，唯有美食与爱不可辜负，所以，总有一顿饭，值得你亲力亲为。

这一本料理的飨宴，就是 Jereme 梁老师对美食的感悟、热爱与传递，希望你也能挽起袖子，为你和你爱人的做份感动的菜肴。

刘一帆 Steven Liu

2015 年 9 月 24 日于上海

美食让人觉得安全，愉悦

美食是一种国际语言。不论在世界哪一个角落，美食都是一个让人觉得安全的，可以随时放心地敞开心扉讨论的一件愉悦的事情。通过美食所带来的契机，也让我在过去的三十年里有幸在多个国家旅居生活并且建立了自己的餐饮事业，还认识了无数的良朋益友。所以我很感恩美食所为我带来的一个不太平凡的前半生。《总有一顿饭值得你亲力而为》，这本食谱是我的第四本书，之前的三本都是英文版主攻海外市场的，一直都希望能够做一本在中国出版，适合日常家庭生活使用的食谱，这次通过与中信出版社的合作，终于如愿以偿。每一本食谱的诞生，实际上是我个人心境思维的一个浓缩写照。记得在 2004 年写第一本菜谱的时候，最想表现的事情是中国菜其实可以很精致，很高档次，所以大部分菜品都非常有立体感，也需要一定的厨艺基础才能够复制出来。随着年龄的增长，越来越感受到心灵上一定程度的返璞归真：最快乐的美食，不应该是复杂或需要多年专业经验技术的，而是能够通过简单的烹饪和带点小巧思的装盘摆设，把美味和健康与身边的人共同分享。感谢中信出版社的何莉莉总经理和张莉媛主编与苏宁促成了这次合作的契机，并在漫长与复杂的合作细节商讨中保持了无比的耐心与正能量。谢谢陈名群师傅和董聪聪帮忙制作各式菜品，王小草所拍摄的这本书里所有漂亮而唯美的图片。能够与一个优质而有效率的团队合作是我时常感恩的福气。在繁忙的日常生活当中，每个人都有无数的事情需要处理，永无止境的忙碌，衷心希望能够通过《总有一顿饭值得你亲力而为》的这本食谱，提醒大家要多珍惜与身边亲朋好友的相聚时光。记住：总有一顿饭值得您亲力而为！

梁子庚

2015 年十月二十五日，忙碌地赶往北京出差的旅途中

一个人的滋味人生

有人说，一个人吃饭很孤独。有时候看上去是这样的，但有的时候却不尽然。一个人舒舒坦坦地吃完一顿饭，在当下的社交生活中已成为一种奢侈。你终于可以不必在乎席间礼数，或者是斯文吃相，肆无忌惮地享受自己钟意的美食。

〜〜〜〜〜〜〜〜〜〜〜〜〜〜〜〜〜〜〜〜〜〜〜〜〜〜

到现在，我也会常常回想起当年自己一个人的时光。

那时候，我只身一人来到上海，开始筹备餐厅。第一次脱离酒店体系，什么事情也都是以"第一次"为开头，从装修设计到置办设备，招聘、采购，甚至安装管道等等一系列在酒店无需面对的琐事，在这个时候自己都要学习着开始独立操作。

那时候的日子忙碌而紧迫，每天到半夜时才有些凝思的时间留给自己。而每当夜色沉静的深夜，我最喜欢的，就是跑到嘈杂的火锅馆，选择一个最角落的位置，"躲"起来吃饭。很奇怪，越是在这样嘈杂的地方，我的心越发能安宁下来。就这样，一个人时候的我在各种火锅陪伴下度过无数个惆怅或者迷茫的夜晚。

我常常会点满满一桌菜，几瓶冰啤酒，一吃就是三个小时，从晚餐吃到午夜凌晨。默默地看书、喝酒、烫菜涮肉。起初服务员还觉得我这位客人很奇怪，但日子长了，他们都熟悉了我这位"怪客"，甚至会默默地留位给我。如今，店老板已经开了分店无数，还是会认得我这个"老朋友"，我已然成为了他的火锅店记忆的一部分，而我跟火锅的不解情缘也是这样酝酿出来的。

所以，食物也是有记忆的，每逢闻到火锅味，一个人的那段岁月的片段就会被一点一点的勾出来，吃了什么菜、喝的什么酒、看的什么书、背景里放的那首歌，甚至是跑堂小伙即将收工时，那阵爽朗而不羁的笑声，都随着那种味道浮现在我的脑子里。

一个人的时候，食物是最好的陪伴，你以为它只有充饥的庸俗，殊不知，它早就打通你的五觉十脉，深入你的血肉了。

偶尔也可以任性一把

有人说，一个人吃饭很孤独。有时候看上去是这样的，但有的时候却不尽然。我这样的人，平日里应酬不少，马不停蹄地试菜，见缝插针会客，若遇上秉性相合的人还好说，一顿饭下来多少也是愉悦，若碰上不合拍的人，那这一顿饭，就是掺杂着诸多的妥协与求全，每当这个时候，我就恨不得推掉这些应酬，自己关上门享受一个人吃饭。

我相信，当下社会里，像我这样想的人一定很多。越是位高权重之人，越难有放纵的时候。一个人舒舒坦坦地吃完一顿饭，已经是一种奢侈。你终于可以不必在乎席间礼数，或者是斯文吃相，肆无忌惮地享受自己钟意的美食。偶尔躲起来做回自己，年纪再大也是可以任性一把的。

当然，一个人吃饭偶尔也会有愧对肚皮的尴尬——我想吃得丰盛的时候没有小伙伴分享，一个人却又难以负荷，只能悻悻作罢。

最爱炖菜和煲菜

厨师似乎是最难把工作和私事划分开的职业。我一个人的时候，也时常为自己准备一顿有水准的大餐，或许可以说是职业病。当然，独处的时候更喜欢一些油烟味少些的炖菜、煲菜。

酸菜白肉垮炖老豆腐，或者煲煮一锅浓浓的肉骨茶慰藉乡愁，坐在客厅闻着远远从厨房飘来的肉香，满足感便已油然升起。暖暖一煲端上桌，有汤有菜有肉再搭配米饭，加上本人秘制的沾酱，这是我最享受的个人时光。悠然而又不乏情趣，不必担心自己的菜是否符合他人的口味，自己做自己最满意的食客。

夏季躲在空调屋里吃涮麻辣火锅，冬季打边炉（港式或者麻辣火锅），或者涮羊肉，在家一边看电视一边小酌，感受吃独食的快乐。吃完放声打嗝抑或是在沙发上滚个几圈，自己快乐就好。

至于说餐桌布置，说实在的，你喜欢就好。看心情、看氛围，尽管大部分人的家里没有条件像酒店那样装饰摆盘，也可以将寻常的物品用作道具来达到自己想要的效果。

我在家会用最简单的陈设去装盘，例如普通的白骨瓷，或许还会放几束干花。同时也会营造家里的氛围，绿植、宠物都能够为空气中添上一丝甜蜜和一份温馨。尤其在精心烹饪之后，还是想美美得摆盘出来拍一轮照片，美食终究不能辜负组成它的"美"字，亦可以看做是一种小小的得意。

最 难 的 是 采 购

一个人做饭吃当然不像众人餐宴那样分工明确，你会成为一个采购员、洗菜者、掌厨人甚至是清洁员。看到这些可怕的字眼，难免会打起退堂鼓，翻箱倒柜寻觅某天小哥塞到你手里的外卖单。也会有人例外，把它视作一种个人利用率发挥至最大的挑战。

一个人做饭在我看来，最大的难点在于采购环节，采购食材的时候需要控制份量。大部分超市的食材都是由保鲜膜包好一份装的，然而这一份很可能造成对于一个人来说过量的情况。建议如果不是西餐，还是菜市场自己称或者有些超市可以购买散装的。但是因为想吃某一道菜需要购买单独的调味品就没办法避免了。

关于厨余，我相信很多朋友都会剩下部分解决不掉的厨余，而炒饭或者烙饼是我个人觉得最省事的办法，把剩下的半颗洋葱，胡萝卜，青菜切丁或者刨丝，加上鸡蛋面粉烙饼，又或者用剩下的米饭炒什锦烩饭，第二天上班作为便当都省心。

至于西餐的厨余做三明治便当也方便，晚上用吐司做个快手披萨，微波炉一"叮"就好了。

那么，如何去设定种类呢？大部分时候我自己选择的是炖菜，烹饪的时间快而且品种相比其他更为丰富。当然，西餐也不错，主菜配菜可以让人酣畅淋漓地享受。食材方面，海鲜或者半荤素搭配的菜式是不错的选择，烹饪的时间和操作流程比较简化。尽量避免选择煎炸类，经历太大的油烟会破坏食欲和雅兴。

寻 找 自 我 的 叩 心 之 旅

我不太懂得如何去推荐别人吃什么，口味真的是很奇怪以及带有个人标签的事情，尤其是所有的参与者都只有你一个人的时候。所以，还是那句话，自己开心就好。一个人做饭，一个人吃饭，有时候也是一种修行，一次自己与自己对话的叩心之旅。这个时候，你最容易发现自己想要的是什么，最容易找到除却浮华表象之后，最本真的自己。

台湾美食种类繁多，说到其中最著名的，卤肉饭首屈一指。一碗好的卤肉饭饭粒一定要颗颗饱满，卤肉肥瘦相间，肉汁香浓醇厚，整碗饭肥美鲜香又不失于油腻。卤肉饭还是一种可以盖上个人鲜明印记、花样百出的美食——在配料中可以加入各种腌制酱菜，如日本大根会带来不一样的脆爽的口感；在卤肉汁的熬制过程中，大地鱼、冰糖等食材和调料的加入会带出更丰富的味蕾体验。

Taiwanese Style Stewed Pork over Rice
台湾卤肉饭

用料

带皮五花肉 / 1kg		冰糖 / 30g	
小干葱 / 300g		日本大根 / 10g	
干香菇 / 30g		蒜 / 50g	
嫩姜 / 50g		油 / 300g	
生抽酱油 / 150g		大地鱼 / 150g	

~~~~~~~ TIPS ~~~~~~~

五花肉要切肥瘦均匀的小丁，但不要切太细，不然会影响口感。卤肉下油锅煸炒，炒出多余油分。后来需要用小火慢慢熬，等其胶质熬出来，汤汁会有勾芡的效果。

步骤 ▶▶▶

❶ 五花肉 1kg 切成小条备用（图 a）

❷ 干香菇泡水，泡至软后，切成细粒备用

❸ 将大地鱼干去掉细刺，剪成小块，头跟刺不要，只要鱼身的部分

❹ 小干葱去皮切片，嫩姜切细粒，蒜头去皮切成末，日本大根一开两切片（图 b）

❺ 锅中倒入色拉油，再将剪好小块的大地鱼干放入，小火炸到金黄色后捞起，捞起后将大地鱼用菜刀切成细末备用

❻ 将油倒入锅中烧至 130℃ 后，把小干葱倒入油锅中，炸至金黄色，捞出备用

❼ 锅中倒入少许油，将蒜末炒至金黄色后，再依次将切好的五花肉、干香菇粒炒香，接着将生抽、大地鱼、冰糖放入后加水盖过肉的表面，小火炖煮 1 个小时即可，准备一碗白饭，将卤肉淋在饭的上面，加上两片日本大根就完成（图 c）

a

b

c

a

b

c

新加坡肉骨茶是不可错过的美味。新鲜的猪排骨被厚实的瘦肉包裹着，配以丁香、肉桂、八角、茴香以及芫荽等香料，在文火炖煮中肉酥烂绵软，可以轻易地与骨头分离。富含药材香料的深色茶汤，只是两种常见的肉骨茶之一，还有另一种清汤可以选择。既然是肉骨茶，那么一定要饮茶才能相得益彰，铁观音、水仙岩茶等乌龙茶皆可。

Singaporean Style Pork Ribs Broth
新 加 坡 肉 骨 茶

用料

排骨 / 400g	包心菜 / 30g
带皮蒜头 / 60g	肉骨茶包 / 1 包
生香菇 / 30g	盐 / 少许
金针菇 / 30g	生抽酱油 / 20g
玉米 / 100g	白胡椒粒 / 10g
白玉菇 / 50g	

---TIPS---

新加坡的肉骨茶其实分两个派系，当然家里吃饭我不想有一大堆背景堆砌一道菜，只想它够好吃，排骨够软烂，一口下去肉能脱骨滑落，肉汤浓郁，慰藉我的东南亚乡愁就好。

步骤 ▶▶▶

❶ 排骨 400g 砍块备用（图 a）

❷ 烧一锅水将排骨余烫去掉杂质后洗净备用

❸ 玉米砍块，白玉菇切掉根部，金针菇切掉根部，香菇切掉蒂部，包心菜一开二用手剥成一片片，带皮蒜连皮洗净备用（图 b）

❹ 拿一个汤锅加水煮开后，加入已余烫的排骨，跟玉米块、带皮蒜头、肉骨茶包、白胡椒粒，炖煮一个小时（图 c）

❺ 炖煮一个小时后，再依序将白玉菇、金针菇、包心菜、生抽、盐放入锅中大约再煮 3 分钟，就完成一锅美味的肉骨茶

切成细粒的各色蔬菜简单处理后仍旧保持清新爽脆的口感，多彩的颜色点缀在白色的饭团中，赏心悦目。煎过的香肠释放出自身的油脂，与米饭、蔬菜融合后，平添润滑丰腴的口感，不必再另加入油脂，最后在尚留着双手余温的饭团上撒上樱花虾干。即使是平时不爱吃米饭的人，对这个饭团也难以抗拒吧。

Rice Ball with Savoury Stuffing
风味樱花虾饭团

用料

大米 / 300g		脆瓜 / 30g	
樱花虾干 / 20g		台湾香肠 / 2 条	
广东菜心 / 50g		生香菇 / 30g	
胡萝卜 / 50g		梁食秘制酱油 / 10g	
日本大根 / 30g		梁食百搭调味料 / 10g	

~~~~~ TIPS ~~~~~

1. 蔬菜一定是爽口的，这样可以丰富饭团的整个口感。
2. 不要在饭团里放油，只需要将煎好的香肠拌进去就能有很好的效果。

步骤 ▶▶▶

❶ 大米 300g 洗净，用电饭煲煮熟备用

❷ 胡萝卜切细粒，广东菜心切细粒，生香菇切细粒，日本大根切细粒，脆瓜切细粒，台湾香肠切小粒（图 a）

❸ 将切好的香肠炒熟备用（图 b）

❹ 取一个汤锅将胡萝卜余烫熟后备用

❺ 在锅中倒入少许的油，将广东菜心，跟生香菇粒爆炒香后备用

❻ 拿一个容器，把煮好的白饭放入，再将已炒好的香肠、广东菜心、香菇粒、红萝卜粒、日本大根、脆瓜、梁食秘制酱油依序放入，戴个手套将所有食材拌均匀（图 c）

❼ 将拌均匀的饭用双手捏成圆形，在饭团上撒点梁食百味调味料，最后将樱花虾干放在饭团上即可（图 d）

a

b

c

d

a

b

c

西红柿炖牛腩是一道十足的硬菜，大块的牛腩在西红柿酱汁中翻滚，吸收浓郁的汤汁。在饿得前胸贴后背的时候，这道色泽鲜艳、香气扑鼻、酸爽可口的硬菜绝对可以让你大快朵颐。牛腩性温，而西红柿性偏寒，两者同炖可以起到中和的效果。另外，牛腩对身体有补益的作用，酸酸的西红柿可以促进吸收，真是最佳拍档。

Stewed Beef Briskets with Tomato
西 红 柿 炖 牛 腩

用料

牛腩 / 1kg	八角 / 5g
西红柿 / 300g	香菜 / 15g
红洋葱 / 50g	香叶 / 3g
土豆 / 200g	草果 / 5g
老姜 / 50g	生抽酱油 / 100g
带皮蒜 / 30g	冰糖 / 30g
小葱 / 30g	

~~~~~~ TIPS ~~~~~~

1.饿的时候很多人还是要吃些硬货才能安心。如果实在找不到牛腩，半筋半肉、腱子肉都是不错的替代品；
2.不要把汤汁收得太干，汤汁捞饭才是吃独食的真谛。

步骤 ▶▶▶

❶ 牛腩 1kg 洗净后切块备用（图 a）

❷ 土豆去皮切块，西红柿切块，红洋葱切丁，小葱切段，老姜切细粒，带皮蒜头整颗洗净

❸ 取一个大锅，放入油，将土豆煎至表面金黄色，捞起备用

❹ 捞起土豆的大锅，再将老姜、洋葱、葱段爆香至金黄色，待香味出来后，再将牛腩放入锅中炒到表面微微焦黄色后，再依序将西红柿、生抽酱油、冰糖、香叶、草果、八角放入锅中，水加至肉的表面，小火炖煮 1 个半小时（图 b）

❺ 牛腩炖煮 1 个半小时后，再将先前煎到金黄色的土豆块放入锅中，再炖煮 15 分钟，等土豆吸满牛肉的汤汁，就是一道完美的西红柿炖牛腩（图 c）

香港很流行一句话："豆腐火腩饭，男人的浪漫。"豆腐火腩饭由豆腐加烧肉做成，爱美的女人们可能会觉得太油腻，但对于粗犷的男人们来说的确是大爱，故此它也成为一种男人情怀的代名词。不过，就我个人而言，还是会觉得很油腻，而且特别干，我个人始终喜欢有些汤汁的食物，像这道豆腐煲，既有豆腐与猪肉的香气，再加上酸菜的酸味正好可以解除油腻，盛在热气腾腾的沙煲里，再配上白米饭，那个"热、香、鲜"，真当是妙极了。

Stewed Pork with Tofu and Chinese Pickled Vegetables

酸 菜 豆 腐 炖 肉

用料

五花肉 / 150g		青蒜 / 30g	
老豆腐 / 300g		菜籽油 / 30g	
蛏子 / 200g		盐 / 5g	
酸菜 / 100g		糖 / 2g	
嫩姜 / 20g		鸡汤 / 300g	
小葱 / 20g			

———— TIPS ————

1.虽然有人会担心煎过的豆腐会不会有点油，但我还是建议豆腐最好煎一下再煲，第一不容易夹散，第二香气更浓郁。

2.酸菜能提升猪肉和汤的鲜味，并且自带一些咸味，所以起锅时只需要一点点盐调味就可以，切忌放太多。

步骤 ▶▶▶

❶ 五花肉 150g 切片备用（图 a）

❷ 蛏子 200g 洗净后，准备煮一锅热水，水滚后将洗净后的蛏子倒入滚水中约 10 秒，捞出后放入冰水中备用（图 b）

❸ 老豆腐切成厚长条，酸菜切片，嫩姜切片，小葱切成小段，青蒜切斜片备用（图 c）

❹ 将菜籽油倒入锅中，把老豆腐放入，煎至两面金黄色后，倒入盘中备用

❺ 锅中倒入菜籽油后，将姜片、小葱段爆香后再加入五花肉爆炒，炒至香味出来后，再将酸菜、鸡汤倒入锅中，加入盐、糖，炖煮 15 分钟，最后再撒切好的青蒜在上面就完成了（图 d）

a

b

c

d

a

b

c

火锅是一种极富包容性与创造性的食物，烹饪方式简单，东西南北各种口味都可以胜任。食材可以是冰箱里的剩饭剩菜，也可以是雪花牛肉和生猛海鲜，还可以是芝士与法棍面包。无论是哪种不同的味道和食材，不变的是火锅袅袅升起的水蒸汽带给人的温暖。在独自一人时，简单易制的火锅也可以让你好好吃饭。

Individual-Serving Hot Pot
一人食火锅

用料

澳洲肥牛 / 100g	冻豆腐 / 50g
梭子蟹 / 1 只	生菜 / 40g
大连活鲍鱼 / 2 只	秋葵 / 20g
蛏子 / 100g	生香菇 / 20g
日本竹轮 / 2 根	梁食火锅酱
白玉菇 / 30g	梁食秘制酱油
金针菇 / 30g	

~~~~~~ TIPS ~~~~~~

火锅底料倒入锅中，用小火炒香，再放入高汤，煮开，这样汤会更香更浓郁。吃的时候，先从味道淡、易熟的蔬菜开始，再到味道浓郁的肉、海鲜类。

步骤 ▶▶▶

❶ 梭子蟹洗净去掉里面的沙泥，大连鲍鱼洗净去掉内脏，蛏子洗净

❷ 日本竹轮切块，金针菇切掉根部，白玉菇切掉根部，生菜切掉根部，冻豆腐切块，生香菇去掉蒂部，秋葵切掉蒂部

❹ 将矿泉水倒入锅中，加入梁食火锅底料煮开（图 a、图 b）

❺ 将所有火锅用料，用个漂亮的盘子，排列组合（图 c）

❻ 将梁食秘制酱油倒入小碟中，这是煮火锅时最佳的火锅蘸料

为爱下厨房，
分甘同味的浪漫

无论谁以怎样的形式问我，我都会说，为爱人下厨是一件很幸福的事情。与爱人分享厨房美味在我看来有着两层与众不同的体会：第一层是同甘共苦后的喜悦；第二层是分甘同味的关爱。

～～～～～～～～～～～～～～～～～～～～～～～～～～～～～～～

　　两个人要如何表达彼此的爱意，我觉得玫瑰、红酒、钻石这些当然必不可少，但是在真正的婚姻生活里，并非每时每刻都需要这么华丽的呈现。

　　无论谁以怎样的形式问我，我都会说，为爱人下厨是一件很幸福的事情。与爱人分享厨房美味在我看来有着两层与众不同的体会：第一层是同甘共苦后的喜悦；第二层是分甘同味的关爱。这两种体会对于爱情或者婚姻生活来说，是最重要的，影响最持久的，记忆最牢靠的。味道是记忆中很重要的一个组成部分，下厨则是平淡生活中最有滋味的仪式。

　　是的，这是我的观点，下厨是最有滋味的生活仪式。你大概可以回忆起与她相见时，去的哪家餐馆，花了多少钱，但是你未必能想起来当年吃了些什么菜。可是亲自下厨却不一样，你永远记得当天晚上那顿饭菜的味道。要知道，你愿意为之下厨的人，永远是你生命中很重要的人。

　　我现在依旧能够想起我为太太第一次下厨做的菜，顺带它辛辣的味道如同回甘的记忆凝固在我的内心深处。我太太在食物上有着执着的追求，有自己特别喜欢的食物。例如，水果她喜欢冬枣，食物她偏爱湘菜。那时候我刚到中国，中国的八大菜系和各种让人眼花缭乱的菜谱，对我而言，想要弄懂并不是一件容易的事情。比如，一开始，我很难区别川菜与湖南菜之间的差别。这个时候，我太太成了我最好的老师，用最有效率的学习方法——天天带我吃湖南菜——让我把它们清楚地区分开来。

　　所以，我第一次做给她吃的也是一道典型的湖南菜——剁椒鱼头。当然是不是最地道的这个见仁见智了，因为我还是喜欢融入一些个人喜好在里面。不过很高兴的是，我太太非常满意，时隔多年，她还记得当时的那个味道。

用 细 节 表 达 爱 意

很多人问我，为爱人下厨，最重要的一件事情是什么？在我看来，最重要的不是食物本身多华丽多精致，而是许许多多的细节，正所谓细节表达爱意。

对于一个厨师而言，客人要当成爱人去对待，这样可以保证职业水准。但是，对待爱人却不能像对待客人那般谨慎、过度礼貌，那样只会产生隔阂感。很难想象在情侣相对的餐桌上那种或推辞的扭捏样、或推杯换盏的热情相。爱是一种自然流露的情感，无需刻意。

食物的体贴建立在平日里你对爱人的观察和了解，哪怕她或者他喜欢的一种味道，一份思念，一种情怀。这种包含情感的细节处理在爱情上是给对方的一种致命一击，只需淡淡地说，"这样啊，我记得你说过……"就像是一剂爱情荷尔蒙，为彼此营造出一个充满爱意的空间。

食 物 、 氛 围 、 摆 盘 ， 哪 个 更 重 要 ？

缺一不可吧。食物我建议尽量选择烹饪时间短的食材，这样既能体会下厨之乐，又能很快地享受饕餮盛宴，让情侣拥有更多时间去沟通、共诉衷肠。气氛的营造需要下厨者对爱人的了解而定，也需要平日细心观察来积累。素雅、浪漫、激情都可以运用不同的摆设去设计，环境的营造对于整个晚餐是必不可少的部分，这让用餐者第一时间感受到你的用心。至于摆盘，还是极简为主，如果环境氛围已经营造得十分唯美了，那么摆盘得整洁才能烘托食物本质。如果以百分比来划分，那么大概是氛围营造 30%，食物 40%，摆盘 30%。

一定要西餐牛排吗？

当然不是！千万不要被电视剧或者电影里的桥段给蛊惑了，以为情侣晚餐一定要西餐牛排、烛光银器才足够浪漫。在我看来，"西餐牛排"反而有一点点过时。对大部分不擅长做饭的朋友我反而建议不要选择牛排：第一如果食材挑选不好，火候是更难掌握的技术，那么会完全糟透了；第二如果食材够好，那么不擅长运用肉质或者没有掌握肉质烹饪技术的朋友会浪费食材。给这些朋友的建议是，焗烤或者能快速烹饪的海鲜更适合美食初学者，并且不会在爱人面前失分，稍加装饰甚至会在浪漫这一项上加分。

酒是必备的催情物吗？

我还是那个答案：当然不是！并不是所有的人都能承受得起酒精带来的麻烦，不能多喝的人无需逞强，不要把浪漫硬生生化作闹剧。但是如若真喜欢酒品给宴席带来的完整感，如果不能喝酒的朋友，我会建议学做一些无酒精的鸡尾酒和一些精美的软饮，在外观上特别讨喜，而且在味道上也十分惊艳，做起来更是容易。

其他加分的心思

除了以上这些要素，我还想为二人世界补充我个人比较喜欢的，也是觉得至关重要的浪漫因素——音乐。我认为除了视觉氛围的营造、味觉嗅觉的满足，听觉也不容小觑，一场全感官的盛宴能使得记忆更为深刻，因为记忆往往是和感官有关的。音乐才是将两人世界的温馨气氛推向最高潮的重要元素，提前选一些饱含大家共同记忆的歌曲和音乐，能够让两人瞬间感慨万分，有更多的话题可以去分享。

执子之手，与子偕老。
我知道，当桌上的烛光映出
我们布满时光吻痕的笑脸，
刚刚脱下围裙的你
还会为我剥第一只虾。

特 别 的 日 子

　　我有一个北京朋友，平时谈恋爱都是带着女朋友去高档餐厅，突然有一天决定求婚了，却出人意料的哪儿也没去，带着女友回家，亲自做了一碗炸酱面。如今，已结婚十余年，女儿也出落得婷婷玉立了。

　　人生就是这样，越是到最重要的抑或说最关键的时候，就越知道自己心底的诉求。就比如我那位朋友，他深知对于女人而言，再高档的酒店也绝对没有家里那一碗代表着平淡家庭生活的炸酱面来得有冲击力。当然，这不是一场刻意的预谋，而是内心最急切的向往。

　　所以，你的 Big Day，也许是相识纪念日，也许是结婚纪念日，再或者，是重要的求婚日。亲自下厨准备一顿可口的晚餐，是最有情调，也最有情怀的事情了。尤其是对于男生来说，这样的厨艺展示，可算是俘获女人心的利器了。

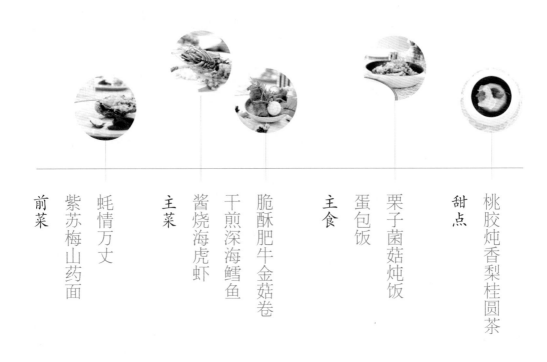

前菜
紫苏梅山药面
蚝情万丈

主菜
酱烧海虎虾
干煎深海鳕鱼
脆酥肥牛金菇卷

主食
蛋包饭
栗子菌菇炖饭

甜点
桃胶炖香梨桂圆茶

前
菜

Shredded Chinese Yam with Plum and Shiso Dressing

紫苏梅山药面

紫苏梅是把梅子·是用紫苏叶子·包裹起来，加入蜂蜜花椒或红糖等，经过一段时间的发酵而成。与普通的梅子·相比，紫苏梅去掉了涩味，口味更醇和。同时，紫苏也是一种高营养、有药用价值的植物。山药本身并没有明显的味道，在蜂蜜和紫苏梅的激发下会带出清甜的味道，在柴鱼汁淡淡的咸味衬托下，这种甜味会更清新。

用料

紫苏梅 / 30g	日本柴鱼汁 / 30g	梁食太行山槐蜜 / 20g
山药 / 300g	薄荷叶 / 10g	

a

b

步骤 ▶▶▶

❶ 山药洗净表面沙泥后，戴上手套将山药去皮切成细丝泡冰水备用（戴手套防止手会痒）（图a）

❷ 紫苏梅去籽后捏成泥备用（图b）

❸ 将切好细丝的山药放入碗里，再把柴鱼汁倒入山药丝的底部，上面淋上梁食太行山槐蜜，最后将紫苏梅泥放在山药上面，薄荷叶点缀一下即可

～～～～ TIPS ～～～～

这是一道特别清淡和特别健康的前菜，基本没有太多复杂的调味，淡淡的梅子和蜂蜜特别能带出山药的清甜脆口，如果初学者刀工不好可以把山药切成山药条和山药棍也OK（不错）的，不会影响口感。

前菜

Baked Oysters with Cream Sauce
蚝情万丈

奶油、黄油和吉士等奶制品与海鲜搭配，会激发出食材本身的鲜甜味道，但是同时对生蚝本身的品质也有一定要求，不新鲜的生蚝容易带出腥味。白酱中加入白蘑菇可以增加口感层次，而洋葱、法香又可以中和油腻。最后撒上的吉士，经过烤制后，会出现漂亮的拉丝效果，你的爱人会为此啧啧称奇。

❶ 生蚝自然解冻后，用清水洗净沙泥备用（图a）

❷ 锅中放入黄油小火煮到化，等待黄油融化后，慢慢加入面粉，边放边搅拌，制作成面捞备用（图b、图c）

❸ 洋葱切细丁，法香切细末，白蘑菇切细丁，安佳芝士片切细条备用

❹ 将黄油放入锅中，把洋葱用小火炒至金黄色，再将白蘑菇加入炒香，放入高汤，稀奶油，盐，糖，调味，待滚后加入自制面捞拌均匀，作为白酱（图d、图e）

❺ 先把烤箱预热到180℃，准备一个烤盘，在烤盘上铺上锡纸，再将生蚝放在锡纸上后，将做法4的白酱铺在生蚝上，铺上安佳芝士片，撒法香末，进烤箱烤至7分钟，烤到表面金黄酥脆的颜色即可（图f）

用料

生蚝 / 2 只	高汤 / 100g
洋葱 / 20g	盐 / 5g
法香 / 10g	糖 / 5g
稀奶油 / 50g	黄油 / 50g
安佳吉士片 / 30g	低筋面粉 / 100g
白蘑菇 / 50g	

~~~~~~ TIPS ~~~~~~

其实当初想象的是直接开生蚝配汁吃，可是生吃的蚝对原材料的要求很高，不建议大家随便买生蚝都生吃。如果品质很好的南非、美国、法国品种绝对不能这样烤制，那也是暴殄天物。国内大部分朋友也喜欢熟吃。

主菜

Braised Tiger Prawns with Savoury Sauce
酱 烧 海 虎 虾

海虎虾个头比普通淡水虾大，而且肉质紧实饱满。只需葱姜爆香，就能激出虾的鲜香本味，用生抽和糖来调味的红烧做法呈现了上海本帮菜的味道，加入的酒酿散发出酒香，而酒酿会给虾肉带来鲜甜感。红椒粒与豆瓣酱的川味组合又丰富了味觉层次。

用料

海虎虾 / 180g	油 / 100g
酒酿 / 10g	小葱 / 5g
红甜椒 / 10g	生抽酱油 / 4g
豆瓣酱 / 5g	白芦笋 / 15g
甜豆 / 10g	糖 / 2g
芝麻菜 / 10g	白玉菇 / 20g
嫩姜 / 5g	生粉 / 30g
食用花 / 10g	鸡蛋 / 1 只
蒜 / 5g	

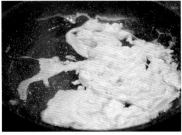

a　　　　　　　　b　　　　　　　　c

步骤 ▶▶▶

❶ 海虎虾洗净开背后去掉虾肠备用

❷ 红甜椒切丁，甜豆从中间切开取籽，嫩姜切细末，蒜头去皮切细末，小葱切葱花，白芦笋去皮，白玉菇切掉根部，鸡蛋取蛋白备用

❸ 锅中放入少许油，将海虎虾开背处撒点生粉煎到金黄色捞起备用（图 a）

❹ 蛋白打均匀，去掉上面的泡沫，再将蛋白炒熟后取出放在要装盘的盘子里（图 b）

❺ 锅中放点油，将姜末、蒜末、葱花、红椒粒、豆瓣酱、酒酿炒香，加入少许水后放入煎好的海虎虾、生抽、糖收汁后即可盛盘，放在已炒好的蛋白上（图 c、图 d、图 e）

❻ 煮一锅水放入少许盐、油，将白芦笋、甜豆余烫熟即可捞出，摆在已盛盘的虾上面作装饰，再撒些食用花瓣、芝麻菜即可（图 f）

~~~~~~ TIPS ~~~~~~

鳌虾我试过无数种的吃法，这种是我个人建议特别适合家里烹饪的办法。第一备料特别简单，也不要过多去烹调，简单的葱姜蒜香气就能特别地突出鳌虾的香，辣椒和豆瓣酱一起同鳌虾煮出来的酱汁和风味，与之前白酱芝士的生蚝形成完全南辕北辙的区别。

d　　　　　　　　e　　　　　　　　f

主菜

Pan-Fried Cod Fillet
干煎深海鳕鱼

高蛋白、低脂肪、富含微量元素，鳕鱼的营养价值在所有鱼类中名列前茅，在欧洲被誉为餐桌上的营养师。鳕鱼肉味清淡，无需过多调味，只需要盐、糖、料酒就足够了。这道菜做法非常简单，不过要注意在煎制时不要过早或频繁翻动。清香嫩滑，入口即化的口感会让你的味蕾在经历浓烈的味道后得到休憩。

用料

银雪鱼 / 120		树莓 / 30g	
盐 / 5g		生粉 / 30g	
樱桃萝卜 / 10g		藠头 / 20g	
糖 / 2g		梁食百搭调味料	
黄花菜 / 8g		苦菊 / 10g	
料酒 / 10g			

TIPS

一定要选择一口不粘底的平底锅，这样煎出来的鱼才能完整。调味不要过于复杂，越简单越能凸显食物的本身。大部分时候在我创作新菜品的时候爱做减法，除去过多花哨的东西，回归食物本质的美。

步骤 ▶▶▶

❶ 银鳕鱼用盐、糖、料酒腌制 10 分钟备用

❷ 樱桃萝卜切薄片泡冰水，黄花菜洗净泡冰水，桥头切粒，苦菊取嫩叶后泡冰水

❸ 锅中放入少许油，把腌制好的银鳕鱼拍点生粉在鱼的表面，放入锅中煎至 7 分钟后撒上梁食秘制香辣料在鱼的表面后装盘

❹ 把樱桃萝卜、黄花菜、藠头、苦菊撒在已煎好的银鳕鱼旁边点缀即可

Crispy Enoki and Beef Roll
脆酥肥牛金菇卷

肥牛、金针菇、南瓜、芦笋、鹌鹑蛋、樱桃萝卜……看上去毫不相干的食材却可以完美融合在一道菜里。看上去普通的肥牛卷其实暗藏玄机，里面包裹着的不仅是炸过后酥软可口的金针菇，还有爱人的拳拳心意。金针菇本身寡味，但是南瓜浓汤可以增加清香甘甜的味道，与肥牛的细腻相得益彰。

用料

澳洲雪花牛肉 / 120g		芝麻菜 / 30g
金针菇 / 80g		鹌鹑蛋 / 50g
南瓜 / 150g		梁食百搭调味料 / 20g
樱桃萝卜 / 30g		生粉 / 30g
芦笋 / 50g		盐 / 10g
鱼子酱 / 20g		

44

a

b

c

d

f

步骤 ▶▶▶

❶ 金针菇切掉根部，南瓜去皮去籽切块，樱桃萝卜切薄片泡冰水，芦笋去皮（图a、图b、图c、图d）

❷ 煮一锅水放入少许盐，将鹌鹑蛋煮5分钟，泡冷水去蛋壳备用

❸ 澳洲雪花肉片铺平撒点梁食百味调味料，在牛肉的表面上腌制，再将金针菇放在牛肉片上面，尾部撒点生粉，这样卷起来的时候才不易脱落（图f、图g、图h）

❹ 把南瓜蒸15分钟后，用汤匙把南瓜捣成泥状，取一个汤锅放入少许高汤，再将南瓜泥放入，少许盐调味，用生粉水勾点薄芡即可装盘（图i）

❺ 锅中倒入少许油，油温到150℃，把金针菇炸到金黄酥脆捞起，再将剩下的油倒掉，把刚刚卷好的牛肉放入锅中，小火煎到熟，就可以装盘放在南瓜浓汤里，再放点炸好的金针菇在牛肉卷上面（图j）

❻ 最后拿个汤锅放入水，少许盐，把芦笋余烫熟后装盘，樱桃萝卜片上放点鱼子酱、鹌鹑蛋、芝麻菜装饰点缀即可

~~~~~~~ TIPS ~~~~~~~

这是一个看似稀松平常的菜，我们动一些装盘的小巧思，增加一些讨喜的小配菜，丰富它的色彩，就改变了整个菜式的气质。南瓜泥只是起到口感和色彩的配合作用，同样口感的食材大家可以随意改变，例如豌豆泥、紫薯泥，都是一些不错的选择。

g

h

i

j

蛋包饭是在日本发明的一种由蛋皮包裹炒饭而成的饭料理，在影视剧中总是温暖与真挚情感的代表。为爱人亲手做上这样一道爱意满满的蛋包饭绝对可以让进餐的氛围浪漫满屋。如果是新手，可以在鸡蛋液里放一点淀粉和水搅拌均匀，这样蛋皮不易碎且容易摊大。用来炒饭的米饭，最好是隔夜的米饭，新鲜的米饭可以冷藏后再烹制。

Japanese Style Omelette Stuffed with Fried-Rice

主食 | **蛋包饭**

用料

大米 / 150g		洋葱 / 20g	
鸡蛋 / 4 只		芦笋 / 50g	
虾仁 / 60g		蕃茄沙司 / 50g	
去骨鸡腿肉 / 60g		盐 / 10g	

a   b

c   d

步骤 ▶▶▶

❶ 大米洗净后用电饭煲煮熟备用

❷ 虾仁切粒，去骨鸡腿肉切粒，洋葱切细粒，芦笋去皮切细粒备用

❸ 锅里放点油，将洋葱炒香后，放入虾仁、鸡丁炒熟后，再将鸡蛋放入炒到半熟后，白饭倒入锅中拌炒均匀，接着放入芦笋粒、盐、蕃茄沙司调味即可（图 a、图 b、图 c）

❹ 锅子放入少许油，将鸡蛋小火煎成蛋皮，再将刚刚炒好的饭放在蛋皮的中间，用蛋皮把饭包裹起来，即可（图 d）

~~~~~~ TIPS ~~~~~~

我们为情侣准备了两道主食，一席里选择一种就可以了，只是看你的伴侣更喜欢哪一种。蛋包饭比较可爱。

Risotto with Chestnut and Assorted Mushrooms

栗子菌菇炖饭

与西式烩饭那种浓郁的口感不同，栗子菌菇炖饭的口味清淡，但不寡淡。五种不同的菌菇在锅中炒香，去除生味，释放出菌菇中的鲜味，便于米饭吸收味道。在高汤的炖煮中，切成小块的栗子熟透后化开，会有沙沙的绵密口感。煮的时候加入少量的油可以润滑口感，促进香气的释放。

用料	
栗子 / 200g	大米 / 200g
洋葱 / 30g	本芹 / 20g
白蘑菇 / 30g	小干葱 / 30g
蟹味菇 / 30g	高汤 / 300g
白玉菇 / 30g	盐 / 10g
滑子菇 / 30g	鸡粉 / 5g
生香菇 / 30g	糖 / 3g

a   b   c

步骤 ▶▶▶

❶ 栗子去壳切小块，洋葱切细末，白蘑菇切片，蟹味菇切粒，白玉菇切粒，滑子菇切粒，生香菇切粒，本芹切粒，小干葱切片备用（图a）

❷ 大米洗净泡热水 20 分钟备用

❸ 在锅中放入少许油，将洋葱、小干葱小火炒到金黄色后，加入白蘑菇、蟹味菇、白玉菇、滑子菇、生香菇、栗子炒香，再将洗净的大米倒入锅中拌炒，炒到香味出来，加入高汤盖过米饭表面，小火，不停地搅动。大约 10 分钟，撒点本芹粒盖上锅盖小火焖煮 15 分钟即可（图b、图c、图d、图e、图f）

～～～～～～ TIPS ～～～～～～

我喜欢烩饭，但是太多的意大利西班牙的烩饭让我觉得有些千篇一律的乏味，而芝士、奶油也让我的中国胃有些吃不消。这道菌菇栗子饭就是中国人常常说的烫饭、汤饭、菜饭。当然我也喜欢西式的烹饪原理，米饭从生米烩至成熟米的确能更饱满地吸收里面的汤汁。杂菌的香气是有自己灵魂的。

d   e   f

甜
点

Stewed Pear with Peach Resin and Dried Longan
桃胶炖香梨桂圆茶

桃胶是桃树树皮中分泌出来的树脂，在烹饪前需要放入清水中浸泡4小时至软涨，体积会涨
大。桃胶对于人类的肠道、膀胱有很出色的保健功效，是一种保健性中药。香梨可以止咳润
肺，桂圆对人体有补益作用。这道甜品不仅口味好，兼具滋养功效，是食补佳品。

用料

桃胶 / 20g		水 / 500g	
香梨 / 100g		桂圆肉 / 12g	
白木耳 / 20g		片糖 / 36g	

步骤 ▶▷▷

❶ 桃胶泡水4个小时后，挑掉杂质备用

❷ 白木耳泡水30分钟后，用剪刀把根部
比较硬的部分剪掉备用

❸ 香梨去皮后，把中间籽挖掉，泡盐水防
止氧化

❹ 将500g的水加入桂圆肉、片糖煮滚后，
糖全部融化掉，再将桃胶、白木耳、香梨
放入锅中，小火煮20分钟即可

～～～ TIPS ～～～

桃胶有个很好听的名字叫桃花泪，
甜品偶尔走个中国风，除了美和
特别，它比起西式甜品，热量低
的同时又特别健康。桃胶充满女
生最爱的胶原蛋白，雪梨蜂蜜的
搭配清热润肺。

周末黄金时间在家过

　　身边很多朋友，周末与爱人的相伴时间总是蹉跎在一场无聊到睡着的电影上，或者是在热门餐厅外的等候长龙中滑着手机消磨。偶尔想私下讲讲情话，却不知在人群簇拥当中如何开口，好不容易找到偏僻处，却发现早有几对情侣在此处耳鬓厮磨。没错，这也是大多数情侣的周末。

　　种种尴尬的遭遇渐渐将情侣间的那份甜蜜吞噬，比起一个可能会不愉快的用餐体验，还不如用精致的美食抓住爱人饱含无限爱意的眼神，将自己的美食驾驭成爱人心间的那一丝若有似无、回味无穷的温柔。

　　更可以设计用创意餐具做一道趣味美食，一如《人鬼情未了》里的经典桥段。饱餐一顿之后，舒舒服服窝在沙发里放映最为经典的爱情电影，香熏蜡烛跳动的烛光，映出爱人带着浅笑的脸庞和不知什么时候握在一起的两只手。

韩式部队火锅

酸梅汤

Korean Style Mixed Stew
韩式部队火锅

部队锅是一种能丰满整个味蕾的食物，年糕、鱼饼、鸡蛋、泡菜都可以往里面加。泡面和所有食材吸收了泡菜和辣酱的味道，关火后放上芝士片，夹开流黄的鸡蛋，蛋液和芝士在锅中化开，浓郁了整锅的面，每一口都有浓浓辣酱和芝士气息。

用料

宁波长年糕 / 200g	生菜 / 50g	高汤 / 500g
鱼饼 / 100g	韩国白菜泡菜 / 100g	安佳芝士片 / 50g
洋葱 / 30g	韩式米条酱 / 100g	
鸡蛋 / 1 颗	干拉面 / 100g	

步骤 ▶▶▶

❶ 宁波长年糕一条条掰开，鱼饼切长方形，洋葱切丝，生菜洗净切掉根部，韩国白菜泡菜切块，备用（图a、图b、图c）

❷ 拿一个汤锅放点油，将洋葱炒香后放入宁波长年糕跟韩式米条酱拌炒后，接着依序将高汤、鱼饼、韩国白菜泡菜、干拉面放入锅中，等待滚起后再将生菜、安佳吉士片放入，打个鸡蛋即可完成一锅美味的韩式部队火锅（图d、图e、图f）

~~~~~~~~~ TIPS ~~~~~~~~~

芝士，午餐肉和方便面是部队锅不可缺少的三样食材。除了这三样食材外，可以根据自己的爱好补充各种各样的好味。但是要注意食物的属性是否相克。

sour prune drink
酸梅汤

酸甜口味的酸梅汤是夏天人们清凉消暑的佳品，然而市面上买的大多是由酸梅粉冲泡而来的酸梅汤，品质不佳。在家制作的好处就是能够尽情享用无添加饮品。在酸甜口味的保障之下，还可以添加一些带有清凉功能的药用食材例如甘草、薄荷，一口爽口的酸梅汤下肚，汗穴便会因为受到刺激微微张开，味蕾也从昏沉中清醒了过来。

用料

乌梅 / 80g	桂花 / 5g
山楂 / 40g	鲜薄荷 / 20g
甘草 / 20g	冰糖 / 200g
陈皮 / 10g	饮用水 / 4 升
玫瑰茄 / 10g	

步骤 ▶▶▶

❶ 可以把辅料图片复制到手机上，按照上面的配比到茶叶店或者调料用品商店，都可以很容易买得到图中配料。当然薄荷叶可以不用放，没什么大影响

❷ 把配料全部装到纱布袋里面扎紧，干净卫生

❸ 然后用锅配 3 升水，大火烧开，小火熬 40 分钟，再加 1 升水和 200 克冰糖，继续熬 15 分钟放凉装瓶就可以了

——— TIPS ———

最好不要用铝、铁等金属锅具熬制。砂锅或不锈钢锅都可以。冰镇更美味。

我是懂得如何把握
稍纵即逝的幸福时光的。
光透过酒瓶偷偷地看
你笑起来的弯弯眉眼，再拍下
后知后觉还未来得及擦去嘴边碎屑的
你的模样。

一次与众不同的
闺蜜聚餐

女性在吃这方面要讲究得多。我指的并不单只是食物的味道，包括上菜的盘子是否精致，咖啡杯是否漂亮，甚至餐桌布是否养眼，都会成为她们这次聚会的关注点，并且对她们的聊天话题产生影响力。

~~~~~~

一 次 与 众 不 同 的 闺 蜜 聚 餐

虽然对我而言，"闺蜜"这个词并不太适用，但却不妨碍我设计这样一个主题的食物搭配。就像许多女性服装设计师是男性一样，作为一名合格的厨师，了解不同类别客人的饮食喜好，是必修的功课。

之所以选择"闺蜜聚餐"这个话题，而不是"兄弟聚餐"，是因为后者大概更多的就餐主题会是一扎啤酒、几盘下酒小菜，简单洒脱许多，并且，像这样的聚会，男人们的关注点一定不在食物上面，他们更多的是谈论咋天的那场球赛胜负，游戏里的冲关秘籍，或者是最新款的机车、手表、电子产品，等等。

但是闺蜜聚餐却很不一样，女性在吃这方面要讲究得多。我指的并不单只是食物的味道，包括上菜的盘子是否精致，咖啡杯是否漂亮，甚至餐桌布是否养眼，都会成为她们这次聚会的关注点，并且对她们的聊天话题产生影响。她们可能因为餐桌上的任何一样东西，就会发散出无限的想象力和联想力，最终延伸到她们的情感问题上。老实说，我对女性这种独特的能力真的很好奇。

所以，对我而言，准备一次"闺蜜聚餐"是一件很有意思，也很有挑战的事情。为了这个我特意与我太太沟通了一下，想更清楚地了解像她们姐妹们聚会时，会吃些什么，会聊些什么，会注意到什么。结果，就像我刚才所说的那样，"闺蜜聚集"还不同于那些普通的朋友聚餐，它们真的有意思得多。

既 随 性 ， 又 个 性

我问过我太太，如果选择闺蜜聚会，会选择什么样的地方？她不假思索地回答说："一定要环境好的地方啊，布置什么的比较有调调的地方。""那吃什么呢？""都可以啊，但食物不能太大众了。"我想这是大部分女性的回答。女人的聚会，就是要随性自然，但又要有点个性。

如果天气适宜，而你家碰巧有一个小小的露台、花园，或者大点的阳台，我建议你可以尝试把餐桌从餐厅挪到这些地方去，舒适的自然环境会很容易让女性放松起来。这个时候，你不必太在意桌子会不会太小不合适，或者是没有在餐厅用餐坐得舒服，相信我，宜人的自然氛围会弥补掉这些不足。

如果没有，也不用担心，你可以选择一些松软的沙发或者舒适的椅子，以及一张能够拉近朋友间距离的小桌子。我能想象她们蜷在沙发上的那种自在感，就好像猫一样。

当然，我并非完全拒绝在餐桌上用餐，如果那样，漂亮个性的餐具、摆设，以及一瓶酒是不能少的。酒是氛围的助推器，男女之间如此，闺蜜之间也是如此。

拿 出 你 最 得 意 的 收 藏 吧

女人天生是带有虚荣心的。我说这个并没有一丝贬意，相反，我觉得一点点的虚荣心会让这个女人显得更可爱。所以，尽可能地拿出你最得意的收藏品，适度地炫耀一把，比如一瓶限量的红酒、几件精美的瓷器、一套高档的刀叉、购自异域的花纸巾，又或者是极其昂贵的餐布。我鼓励大家尽可能地把自己的好东西"秀"出来，这一点点的炫耀会增加女主人的幸福感——

没有什么比夸奖她的眼光更让她感到满足的了。你要明白，一个情绪饱满的女主人，对一次愉快的聚会影响有多大。

或许有人会眷恋餐厅造就的形式感抑或称之为用餐的氛围，又或许很多人像我一样喜欢餐厅特供的精致刀叉和奇趣造型的碗盆，恨不得自己打包一份餐具回去。然而，这一切从来不是餐厅的专属品，只要你用心，一定能在集市甚至是某个摊头小贩那买到自己的心头之物。

酒 杯 比 酒 更 重 要

聚餐时，花 1000 元买一瓶好酒，和花 1000 元买一套好酒杯，你会选择哪一种？我的建议是花 1000 元买一套好酒杯。酒是调动情绪之物，但同时，酒也会被好的酒具调动。我无法想象，一瓶拉菲用一个普通的马克杯来喝是什么样的感觉，但我相信，只要听到水晶酒杯相碰撞所发出的那声清脆而幽长的"嘭～～"，很多人并不是那么在意这杯子里装的是 1 万块的酒，还是 100 块的酒。味蕾在这个时候，会放下挑剔的身段，转而追求那种氛围上的满足感。

当然，要重申一下的是，我并不是让大家用很贵的杯子喝很便宜的红酒，我的意思是，如果你实在没有像样的餐具，那么花点钱购置一套好的酒杯。这个投入不大，但绝对能为聚会添彩。千万不要图省事用家里那些或高或矮的圆柱玻璃杯，那样会破坏整个聚会的画风。

用 食 物 置 换 一 份 好 心 情

就像我绝不会跟一群大老爷们儿开生蚝品雷司令，那只会造成一种奇怪的氛围，就像闺蜜聚会不可能像男人足球之夜一样大碗喝酒大口啃肉，女生总会细腻唯美一些，哪怕是爱吃肉的女生，她们想要的食物也一定会精致一些。

通常情况下，如果大家都心情舒畅，那么即使是吃起来不那么可口的食物，也不会影响几个女人的心情。但有时候，闺蜜相聚，常常伴随着情绪低落、心情沮丧，甚至是愁云惨雾。这个时候，女主人可以尝试通过抚慰味蕾来慰藉人心。

做些对方喜欢的食物，或者是一些可口开胃的菜，又或者是冬天一锅热气腾腾的羊蝎子、一盅热汤，说不准就能让对方暂时忘记难过，体会到好友之间的温暖。

就我个人的经历来说，在人情绪低落时，酸辣的食物会是一道很好的调剂品。我有一个朋友，因为感情的问题，那天过来聚餐的时候情绪很低落，正好当晚有一道菜是酸酸辣辣的贵州酸汤鱼。这位朋友一边吃，一边开始跟我们倾诉，胃口越来越好，吃到后来，这份热腾腾的酸汤鱼不仅把她的毛细血管打开了，也把她的心结也慢慢打开了，她一开始那种沮丧的情绪也渐渐看不到了。我当然不能说这完全是酸汤鱼的功效，朋友的开导和聆听也是很重要的。不过，如果当天晚上的菜不是这道酸汤鱼，而是红烧肉或者响油蟮丝，我想她未必会那么快的从情绪里走出来。所以，食物真的是可以调剂心情的。

如何应对挑剔的闺蜜

女性本来就是一种挑剔的生物，和最要好的女性朋友聚餐，有时候辛苦准备一番，如果不合口味，恐怕还会受到她们毫不客气的毒舌。但我觉得这些都不是什么大问题，既然是闺蜜，赞美与毒舌你都可以照单全收。

当然，如果你力求完美，那么准备之前直接开口问问对方喜欢的食物和餐点，就能让你事半功倍，也可以免去东西不合胃口的尴尬。

女性的挑剔多源于她们对"美"的执着追求，对于美食也同样如此，她们注重这道菜的"美"多过"食"。如果有外貌在口味再差也不会大减分。

而甜品也是女性的另外一个弱点，一道精美得想咬一口却又不忍咬一口的甜品，更具有双重的杀伤力，它可以让闺蜜们忘记之前的菜有多么地不合胃口，沉浸到甜品构建的美好世界里。

所以我说，甜品对女性是有魔法力的。

　　至于吃得是否健康，是否符合减肥原则，是否有适量的卡路里，说实话，我问过周边的女性朋友，她们说，当一群女人聚在一起有吃有喝有聊有玩时，她们的唯一原则就是开心，其他的，都不重要了。

闺蜜就是
somebody always stand by me

遇到不开心的事总爱叫上三三两两的兄弟，做上一桌好菜，买一瓶地道的法国好酒。在微醺中，什么都能言说，什么样的坏事、糟心事、为难事都能够在众人的说说笑笑中从逐渐舒缓开的眉间消散开去。都说酒能够醉人、能够消愁，除了酒外怕是还有同你欢笑同你悲的人分担了生活的沉重。

兄弟之间如此，情感细腻的闺蜜表现得更为放肆了。只需几通电话，每个人都会神情凝重地放下手中的事，带上你最爱的美食奔赴暗流涌动的龙卷风中心。即便不喜在人前显露伤悲，被爱你护你的人簇拥着，也能汲取心与心相依的温暖，遣散阴霾。

无论是好事和坏事，闺蜜永远都是伴随在你身边的那群人。开心的时候，大家一起聚餐，不开心的时候更要聚餐。于是，生活中不再感到孤独和彷徨，因为你知道，一顿饭之后，生活就会又好起来。

凉菜　辣味海鲜沙律
　　　雪影红提
　　　凉皮牛肉卷

主菜　深海珍珠蚌
　　　秘制鸡腿排

主食　鲑鱼炒饭

甜点　黑松露奶冻

Seafood Salad with Chilli Dressing

辣味海鲜沙律

品质好的海鲜不需要复杂的烹饪手段就能让人品位到鲜美，简单的处理反而能带出食材的本味。海鲜还是一种追求口感的食材，在热水中烫熟后应尽快捞出，在冰水中冰镇却可以让海鲜口感劲道、弹牙。选用辣腐乳汁更是别出心裁，比起经常吃的泰式口味更贴心。

用料

鲜鱿 / 150g	
鲜虾 / 150g	
大连鲍鱼 / 200g	
北极贝 / 100g	
综合生菜 / 200g	
小青柠 / 3 颗	
小黄瓜 / 50g	
黄花菜 / 30g	
樱桃萝卜 / 30g	
梁食腐乳酱 / 50g	
黄柠檬 / 1 颗	

步骤 ▶▶▶

❶ 鲜鱿洗净去掉内脏后改花刀，切成长条形备用

❷ 鲜虾开背拿掉虾肠后备用

❸ 大连鲍鱼、北极贝洗净后备用

❹ 综合生菜洗净后泡冰水，小青柠对半切开，小黄瓜切斜片，黄花菜洗净泡冰水，樱桃萝卜切薄片后泡冰水，黄柠檬切片备用

❺ 煮一锅水将鲜鱿、鲜虾、大连鲍鱼、北极贝余烫熟后捞起，另外准备一碗冰水放 3 片黄柠檬片，将已经烫熟的海鲜放进冰水里

❻ 将海鲜、生菜依序摆放在所需的盘子里，最后在上面淋上梁食腐乳酱，摆放几颗小青柠即可（图 a、图 b）

~~~~~ TIPS ~~~~~

腐乳的辣酱汁水配合海鲜沙律，比起泰式的酱汁多了一份亲切感，这是我的一个大胆的尝试，确实也是相得益彰。

Macerated Grapes with Strawberry Jam
雪 影 红 媞

酸酸甜甜的味道是闺蜜感情的真实写照，一道这样的软饮在闺蜜聚餐中是不可或缺的。
对于不胜酒力的女孩子来说，这款经过细心调制的饮品在气氛烘托上丝毫不逊于酒品。
草莓、葡萄等水果口味酸甜，而且低卡路里，高维生素，有益身体健康，更不会引发
女性担心的发胖问题。

用料

鲜草莓 / 250g

梁食太行山槐蜜 / 40g

镇江香醋 / 28g

蕃茄沙司 / 30g

葡萄 / 300g

薄荷叶 / 5g

步骤 ▶▶▶

❶ 葡萄剥掉外皮备用（图 a）

❷ 将鲜草莓、梁食太行山槐蜜、蕃茄沙司、镇江香醋用果汁机打均
匀后，倒在所需要的容器里，接着把刚刚剥好皮的葡萄放进去，放
冰箱内 3 个小时备用（图 b、图 c、图 d）

❸ 泡好时间的葡萄，取出放在玻璃碗里，最后摆上薄荷叶点缀即可

a

b

c

d

~~~~~~ TIPS ~~~~~~

这是一道开胃菜，从颜值上来说
特别符合闺蜜这个主题。

Vietnamese Fresh Spring Roll with Beef and Salad
凉皮牛肉卷

现在有一个误区：做法复杂的菜肴才是美味、好看、有新意的。其实，简单的步骤也能出好菜。这道菜借鉴于片鸭，一种用春卷皮包裹鸭皮、黄瓜、酱料的吃法。把鸭皮换成牛肉可以降低油脂含量，增加蛋白质，受女性的欢迎。

用料	
澳洲雪花牛肉片 / 100g	综合生菜 / 120g
越南春卷皮 / 5 片	梁食百搭调味料 / 20g
小黄瓜 / 100g	梁食腐乳酱 / 50g

步骤 ▶▶▶

❶ 越南春卷皮泡冷水 10 秒至半透明状后，取出来备用（图a）

❷ 澳洲雪花牛肉片上撒点梁食百搭调味料腌制 5 分钟后备用（图b）

❸ 小黄瓜去籽切长条，综合生菜洗净备用（图c、图d）

❹ 将腌制好的牛肉片煎至六分熟后捞起备用，再将先前泡过冷水的越南春卷皮上涂上梁食腐乳酱，依序将煎好的牛肉片、综合生菜、小黄瓜条摆放在春卷皮的上方，从上面下卷起来即可（图e、图f、图g、图h、图i、图j）

~~~~~ TIPS ~~~~~

锅稍微煎制一下，配合酱汁。爽口的时蔬用米皮包裹起来，食用上方便而且美观。

Poached Clams in Liquor
深海珍珠蚌

江苏民间有"吃了蛤蜊肉，百味都失灵"的俗语，是盛赞蛤蜊的味美极鲜。所以，烹制蛤蜊是不必复杂调味的，味精、鸡精都不必上场，只需葱、姜、蒜爆香就可以了。制作这道菜时，火候与时间是值得注意的，蛤蜊壳甫一张开，就可以出锅，余温会将蚌肉温熟，否则就容易肉质过老。

用料

大蛤蜊 / 300g

小葱 / 10g

嫩姜 / 20g

枸杞 / 10g

二锅头 / 10g

盐 / 8g

糖 / 3g

高汤 / 150g

步骤 ▶▶▶

❶ 大蛤蜊放在水里加少许盐，让蛤蜊可以完全把泥沙吐干净，备用（图a）

❷ 小葱切段，嫩姜切丝，备用

❸ 在锅子里放入少许的油，将姜丝、小葱段爆炒香后，加入高汤、蛤蜊、白酒、枸杞、盐、糖调味，待蛤蜊壳煮开后即可（图b、图c）

~~~~~ TIPS ~~~~~

清酒、白葡萄酒煮蛤蜊都是清淡甘甜的，而中国的白酒也不输，二锅头也能小清新，而它最大的好处是随手可得，你楼下小卖部就有。

71

Pan-Fried Chicken Legs with Signature Sauce
秘 制 鸡 腿 排

鸡肉是容易做菜的食材——易熟、易着色、易着味，但要做得好吃又有新意就不简单了。
这道菜既然叫秘制鸡腿排，那么"秘制"二字就是重中之重。我选用蛋黄酱、黄芥末
籽酱和太行山的槐蜜做酱汁，鲜甜中又会带出强烈的刺激性气味和清爽的味觉感受。

用料

去骨鸡腿肉／1只（约200g）	
鲜无花果／1颗	
蛋黄酱／50g	
黄芥末籽酱／15g	
综合生菜／120g	
梁食太行山槐蜜／15g	
梁食百搭调味料／20g	
老抽／10g	

步骤 ▶▷▶▷

❶ 去骨鸡腿肉用梁食百搭调味料腌制，再用老抽涂在鸡皮上备用
（图a）

❷ 黄芥末籽酱、蛋黄酱加入梁食太行山槐蜜后，搅拌均匀后备用
（图b）

❸ 综合生菜洗净，鲜无花果切成4小块备用

❹ 在锅子里倒入少许的油，将腌制好的鸡腿肉小火煎到熟，表面
金黄色后捞起装盘，再将已调好的蛋黄酱画在旁边，摆点综合生
菜和鲜无花果即可（图c、图d）

~~~~ TIPS ~~~~

鸡腿肉用大火煎，先锁住肉汁，
再小火慢煎熟，鸡皮的地方一定
要煎脆口一点才会更香。酱汁要
注意味道的主次，黄芥末籽酱不
要放太多。

a

b

c

d

Salmon Fried Rice
鲑鱼炒饭

美味可口有营养的鲑鱼与传统的米饭相遇，加入洋葱和芦笋就是一道简单美味的主食。鲑鱼是西餐的常用鱼，是色拉和主菜中的常客，用来炒饭，可以说是中餐西做，西食中用。翻炒时切勿把三文鱼烧得过烂，八分熟即可，这样能够保存三文鱼的鲜嫩，也可祛除鱼腥味。

用料

鲑鱼 / 120g	小葱 / 20g
鸡蛋 / 2 颗	生抽 / 少许
洋葱 / 30g	盐 / 少许
芦笋 / 30g	大米 / 150g
球生菜 / 40g	

------ TIPS ------

饭尽量是隔夜饭，这样炒出来口感好。鲑鱼不要过早入锅，太熟的鲑鱼口感会老，鲜味也大打折扣。翻炒力度要轻，不然鱼肉会散。

做法 ▶▶▶

❶ 鲑鱼切小丁，洋葱切细末，芦笋切丁，球生菜切丝，小葱切末，备用（图a）

❷ 大米洗净后用电饭锅煮熟备用

❸ 将鲑鱼小火炒香，炒至表面有点金黄色泽，备用（图b）

❹ 在锅子里倒入少许油，将洋葱小火炒到金黄色后，将白米饭加入炒松后倒入鸡蛋，让米饭都能裹上蛋液，炒至米饭金黄，接着依序把芦笋粒、球生菜丝、生抽、盐放入，最后将先前炒好的鲑鱼和葱花加入，拌炒均匀即可（图c）

用料

牛奶 / 875g	香草荚 / 2 根
安佳淡奶油 / 375g	蓝梅 / 5 颗
细砂糖 / 85g	草莓 / 5 颗
意大利黑松露酱 / 185g	奇异果 / 1 颗
吉利丁片 / 18g	薄荷叶 / 10g

步骤 ▷▷▷

❶ 蓝莓洗净，草莓洗净切成 4 块，奇异果去皮斜刀切成 6 块，备用

❷ 将香草荚的籽用汤匙刮出备用

❸ 将吉利丁片用冷水泡着，备用

❹ 牛奶加淡奶油加细砂糖，加上刮出的香草籽，煮开

❺ 关火后，加入冷水泡软的吉利丁片，过滤后倒入容器，封保鲜膜放入冰箱冷藏，冰镇 4 个小时，待完全定形后，再把树莓、草莓、奇异果、薄荷叶点缀在奶冻上面即可

甜 | Black Truffle Milk Custard
点 | # 黑松露奶冻

牛奶是一种富有多变性和可塑性的食材，可以变成奶油、黄油、芝士，加入吉利丁片，放入冰箱冷藏使其凝固就变成了奶冻。对于有乳糖不耐症的人来说，奶冻这一"固体牛奶"是与奶制品为数不多的亲密接触。滑爽、冰冷的口感，充满牛奶香气的诱惑，加上树莓、草莓、奇异果和黑松露酱，成就一道有魔力的甜点。

~~~~~~~~~~ TIPS ~~~~~~~~~~

制作奶冻时，要不停地沿顺时针方向搅拌，这样出来的奶冻口感才会顺滑。等在冰箱中冷藏凝固，完全定型后才能放入水果粒和黑松露酱。

做 永 远 优 雅 的 闺 蜜

　　男人聚在一起谈论的除了政治、历史、体育，无非就是腕表和车，哪块腕表衬托气质，哪台跑车性能好。这是每个注重品质生活的男人不变的追求——戴一块彰显身份的高级定制腕表，坐拥一辆舒适潇洒的顶级轿跑车。

　　而对于手指上面每一颗装点的钻石都要仔细打量作出评论的女人而言，她们的谈资就如同一个装满珠宝的宝匣，琳琅满目、金光璀璨。

　　闺蜜聚在一起除了谈人生、谈理想，同样得谈谈时尚，做一群在时光中永远保持优雅的女人。这边沏一壶新春刚采的龙井，那边摇晃着手中飘着陈酒香气的高脚杯，在袅袅香气中谈论着松木桌皮沙发。时光易老，而人倘若有了对生活之美的执着，即便转瞬即逝的时间也会被有心之人凝固成生命中最美的记忆。然而，使之更有乐趣的是，能与友人共享生活中的那些美好。

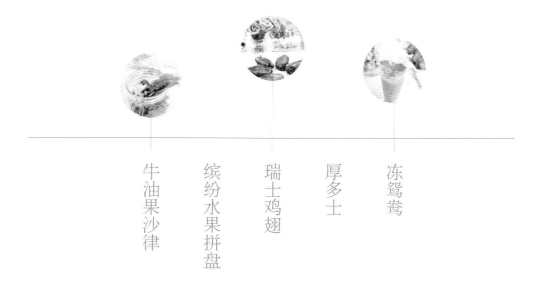

牛油果沙律　　缤纷水果拼盘　　瑞士鸡翅　　厚多士　　冻鸳鸯

Avocado Salad
牛油果沙律

牛油果素来是一种营养价值极高的健康食品，虽然打着水果的旗号，却被不少爱美姑娘当作健康瘦身的代餐来食用。牛油果沙律自然是减肥菜系的一道经典菜品。牛油果味道独特，果肉柔软，似乳酪，还带有核桃的香味，顺滑的口感配上香浓的蛋黄酱和柠檬的清新香气，以及众多富含营养的小水果，组成果汁酱汁的交响曲。

用料

牛油果 / 2 颗

百香果 / 5 颗

综合生菜 / 150g

小蕃茄 / 100g

萝蔓生菜 / 70g

蛋黄酱 / 150g

黄柠檬 / 1 颗

石榴 / 1 颗

~~~~~~~ TIPS ~~~~~~~

其实在创作闺蜜的菜谱的时候，我真的不了解女生到底追求的是什么，直到我办公室清一色的女生同事给了我很多的帮助。我仔细的观察她们的爱好，发现女生有时候很简单，不过是减肥，爱美，爱吃，爱逛街。既然那么爱吃，就给她们最爱，暂时忘却减肥，先享受美味吧。我办公室的美女们都爱牛油果沙律，她们说牛油果独特绵密的口感胜过榴莲。

a

b

步骤 ▶▶▶

❶ 牛油果去皮切块，综合生菜洗净，萝蔓生菜洗净，小西红柿去掉蒂头洗净，石榴切开取里面的果实，备用

❷ 将百香果对切取里面的果实，再和蛋黄酱、新鲜黄柠檬汁搅拌均匀即可（图 a、图 b）

❸ 依序将综合生菜、萝蔓生菜、小西红柿、牛油果、石榴排列在所需的盘子里，最后淋上自调百香果色拉酱在上面即可

缤纷水果拼盘

一盘维生素 C 满到要溢出来的拼盘着实吸引人的眼球，水果界的知名人士齐聚一堂。
水果们挥舞着手中的仙女棒，奇异果、牛油果和火龙果赋予了它香甜多汁、饱满的果肉，
哈密瓜和西瓜给予了它爽脆的口感，草莓和橙子贡献了它们浓郁的香气。水果爱好者
的味蕾天堂在此。

用料

火龙果 / 1 颗	奇异果 / 2 颗
哈密瓜 / 1 颗	草莓 / 4 颗
牛油果 / 1 颗	橙子 / 2 颗
西瓜 / 1 颗	原味酸奶 / 1 罐

———— TIPS ————

这是一道难倒所有大厨的水果拼盘，
我让我旗下台北 W 酒店两位大厨都
试过，他们居然也被难倒。每种水
果都要切成长宽高 2cm 的立方体，
再拼成魔方，的确看似简单，实际
不用尺子比着切确实很难。

步骤 ▶▶▶

❶ 火龙果对半切开去皮切块，哈密瓜对半切开，用汤匙把籽挖掉切块，
牛油果去皮切块，西瓜对半切开后切块，奇异果去皮切块，草莓切掉
蒂头切块，橙子去皮切块，备用

❷ 将已切好的水果摆放漂亮后，在水果上面淋上酸奶即可

瑞士鸡翅

鸡翅是每个肉食爱好者的心头好，也适用于各种烹饪手法。瑞士汁鸡翅是一种香港卤水菜，做法与普通卤水相似，区别在于普通卤水是咸的，而瑞士汁是甜的，因此又有"卤水甜鸡翅"之称。将鸡翅放入瑞士汁中先煮后浸，捞起趁热食用，鸡翅不但口感嫩滑，还带有丝丝甜味，但没有可乐鸡翅的甜度那么高，健康可口。

用料

鸡中翅 /6 只	姜 /10g
酱油生抽 / 少许	小葱 /10g
鸡饭老抽 / 少许	高汤 /200g
冰糖 /20g	

步骤 ▶▶▶

❶ 煮一锅水放入姜片、小葱，把鸡翅放下煮去腥，约 1 分钟捞起，泡冰水冰镇备用（图 a）

❷ 拿个锅把老抽、生抽、高汤放下去煮，然后加上冰糖调味（注意，由于这鸡翅的特色是偏甜的，所以冰糖不宜放太少）（图 b）

❸ 将冰镇的鸡翅放入已调好味道的汤汁，大火煮到酱汁糖化，鸡翅完全上色包裹酱汁，转小火煮 10 分钟后，就可以起锅装盘

a

b

～～～ TIPS ～～～

下午茶怎么能没有肉，这是我办公室小姑娘提出的第一个抱怨，她们说酒店下午茶套餐三层架上没有一片肉，这是她们不去 high tea 的最大原因，这也是我热爱港式下午茶的原因。鸡翅在锅里焦糖化的过程，香气扑鼻，浓稠的酱汁已经让人按耐不住了。当然煮鸡翅的时间要掌控好，用一根牙签能轻易插进去，那么你的鸡翅就刚刚好了。切记不要为了让鸡翅容易软熟而在翅根上划两刀，这样很容易流失肉汁，想要鸡翅入味，用牙签在鸡翅上戳些洞即可。

Pan-Fried Toast Cubes

厚吐司

对港式点心稍有了解的人想必都有着一种吐司情结。热热的烤吐司加上顺滑香甜的槐花蜜，从入口那一刻就进行一场奇特的味觉之旅，口感美妙，丝丝甜蜜渗入心底。吐司烤过以后，外面一圈面包皮变得微微焦黄，口感醇厚，味道香浓，加上浓稠微融的黄油令人回味无穷。

用料

厚吐司 / 3 片	黄油 / 40g
鸡蛋 / 5 颗	梁食太行山槐蜜 / 50g

步骤 ▶▶▶

❶ 鸡蛋搅拌均匀放在一个大碗里 (方便过一会儿吐司裹蛋液)

❷ 黄油切片放在冰块水上 (不易融化)

❸ 将厚片吐司去掉边后，在吐司上切成九宫格，不能切断 ( )

❹ 将切好的厚吐司裹上蛋液，在平底锅上放入少许油，把裹上蛋液的厚吐司放进锅内，小火煎到蛋全熟，就可以盛盘 ( )

❺ 在已煎好的吐司上面放黄油，淋上梁食太行山槐蜜即可 ( )

HK Style Coffee Milk Tea

冻鸳鸯

鸳鸯奶茶事实上就是咖啡和奶茶的结合，它既有奶茶的香滑，又有咖啡的浓郁，是两者完美的结合，冷热均宜。相对于一般的奶茶来说，鸳鸯茶味比较浓厚，再加入黑咖啡，会有一点红茶的涩味和咖啡的微苦在舌根徘徊。而加入些许的冰块，使得舌头微微麻木，还未品出苦味，香甜就已经在舌尖。

用料

红茶 / 75g

水 / 1100 毫升

黑咖啡 / 120 毫升

荷兰黑白全脂淡奶 / 80 毫升

步骤 ▶▶▶

❶ 用一个干净没油迹的不锈钢锅，放入水1100毫升加入红茶75g煮开，煮10分钟后，用细纱网或是纱布过滤茶渣，作为茶胆（图a、图b）

❷ 将160毫升茶胆、120毫升黑咖啡、80毫升荷兰黑白全脂淡奶，搅拌均匀，放入少许白砂糖（依个人喜好）即可（图c）

a

b

c

~~~~~ TIPS ~~~~~

在咖啡喝腻味的时候，转喝奶茶也是个好选择，锡兰红茶和黑白奶是我熟悉的搭配，丝袜奶茶也似乎成为奶茶丝滑的标准词，当然在厨师看来也是焖（焗）茶、过滤、拉茶、撞茶的过程。这些步骤才能使得奶茶更滑，口感更完美。

忙碌而温馨的
家庭聚餐

我们中国人的情感更多是内敛、含蓄而婉约的。我们需要将感情辗转成其他方式去传递，而餐桌恰恰就是一个很好的表达场所。一汤一匙之间的体贴，一点一滴之间的体谅，一切尽在无言之中。将平时难以启齿的关爱，传递在聚餐之间。

～～～～～～～～～～～～～～～～～～～～～～～～～～～～～～～

现在这个年代，生活越来越便捷，家庭聚餐未必一定要在家里，打个电话订个座位，一家人就会舒舒服服地在外面享用一顿大餐，还可以免去饭后的收拾劳累之苦。看起来是一件很美妙的事情。

但是，这里面却少了一种"家"的味道。

相比较而言，我更喜欢这样的家庭聚餐：

一家人，有的在厨房里一边忙碌、一边聊天，有的慵懒地在沙发上看着电视、玩着手机，一句"开饭啦"，大家便各自起身，收拾桌子的收拾桌子，摆碗筷的摆碗筷，凌乱却和谐。

对于家庭聚餐，我更多的体会是辛苦。卸下职业厨师这一身份，我的角色依旧是在家中掌大勺的厨师，而且是个没有专业厨房没有任何助手却必须一样出色的厨师。

但，虽然辛苦，看着一家老小吃得开开心心，心里还是很幸福。

做 好 家 宴 前 的 准 备 工 作

家宴不会一时片刻就能够凑齐一桌丰盛的佳肴，餐前的准备工作是必需的。为了避免当时的手忙脚乱，一定要理清思路，早做准备。

现在，逢年过节大多数人不愿意在家里做饭，所谓的麻烦，就是家里厨房会像打完仗一样狼藉，其实都是事前的规划和操作出了问题。当然即便万事俱备，还是会花费很多心思和时间，但至少不会脏乱和蓬头垢面，尤其是女生。

人数的确定首当其冲，人数和菜品的种类数量是挂钩的。如果是中国比较典型的 5 口之家，我建议 4 个冷菜，5 个热菜，汤品以及主食。

如果是准备晚宴，至少在中午就应该采购所需的食材，然后进行清洗、分切，按菜品处理好。

为了保证菜品热乎新鲜的效果，直至开餐前 1 个半小时开始炒菜、凉拌（需要长时间焖煮的要提前）。汤品先炖煮，将你所有菜品会用到的辅料分配好，切配好后将厨房简单收拾。挑选好即将盛盘的器皿，还要预留很多时间做你的餐桌布置。

了 解 家 庭 成 员 的 喜 好

然而，不计过程，我对家庭聚餐的感觉依旧是体贴和惊喜。

作为统筹策划这一顿盛大晚餐的你，需要了解家庭成员的喜好，照顾到大家的口味。老人小孩齐聚一堂，每个人的口味可能南辕北辙，酸甜苦辣，煎炒烹炸，喜好不一。

我每次都会在家人的聚餐里花最多的心思，既要规避家庭厨房对于我来说的陌生，又得兼顾自己对自己苛刻的要求，但求除了好吃符合每个人的口味以外，还能让大家有惊喜——那不是普通客人吃的美妙食物的惊喜，而是因为你对家人的了解衍生出来关爱的惊喜。

家里老人牙口不好，但是老人家味觉退化需要重味去刺激他们的味觉，我会做他们喜欢的椒盐孜然肋排，但是我会把肋排低温慢煮到肉入口即化的酥烂，一口下去肋骨自然脱落。最后使用西式黄油回锅爆炒，那种香气更加浓郁，出锅撒上椒盐孜然锅气香味四溢，既体贴老人牙口不好，又能刺激老人退化的味蕾。这就是对家人的体贴之心，而作为厨师怎么让老菜有新生命就是给予自己的惊喜。

丰 富 的 菜 式 应 对 众 口 难 调

众口难调，大家庭总会有你我他各自不同的饮食喜好，终究无法一道菜满足所有人。那么顾忌到大家口味，菜式只能尽量丰富，选出长辈和小朋友最喜欢的，这是基本准则。

对长辈和小朋友我一般不会准备刺多壳多的食材。能吃辣的长辈在聚餐中我反而会特意做一些辛辣刺激的食物，因为他们年长味蕾会比较迟钝，味道重的食物会刺激他们的味蕾，比起一味清淡的食物他们会更喜欢。芝士、奶油、巧克力、煎炸类无疑是大部分孩子喜欢的，虽然可能对身体不好，但是逢年过节让小朋友开心一次又何妨。

同上还是位上？

现代人更多讲究卫生，或许会纠结于要不要在家庭聚餐中一人份分食的问题。位上和同上是两种风格，西方的聚餐喜欢位上，但是中国的传统聚餐喜欢同吃同喝，你给我夹菜，我为你斟酒这种关爱的表达方式。文化差异的不同，就我个人而言无谓拘泥于形式，当然如果我和一帮外国朋友聚餐我肯定以他们习惯的方式来准备。

或许有的人厨艺并不尽如人意，然而好厨艺不是一两天可以精进的，那么有没有方法可以弥补呢？当然有！好的食材、好的调味品、复合调味品、厨具、盘式、装饰、布置……都是弥补的关键技巧。

巧 妙 加 入 亲 子 互 动 环 节

在我看来，小朋友大多数时候没有耐心，喜欢玩多过烹饪。启发他们在烹饪中找到乐趣，可以用能发挥他们想象力的食物，而面点是最好的选择。

馒头是最简单的面点，同时可以捏出任何造型，让小朋友发挥想象，还可以用胡萝卜汁、青菜汁做成不同颜色的面团，跟橡皮泥一样让小朋友随意发挥。馒头还有另一个吸引孩童兴趣的特性，它是一种蒸出来可以吃的"玩具"，这让小朋友有极大的满足感，从乐趣中学到一点烹饪知识。

另外，还可以选择可爱的卡通便当，完全可以把它想象成画板、拼图一样和小朋友一起来完成，拼凑成他们喜欢的卡通形象，这样他们更乐于来主导整个过程。

尽 情 感 受 中 国 传 统 聚 餐

中国人传统的矜持造就我们不像西方人一样，能直白地拥抱、亲吻，自然地说"I LOVE YOU"来表达友情与关爱。我们中国人的情感更多的是内敛、含蓄而婉约的。我们需要将感情辗转成其他方式去传递，而餐桌恰恰就是一个很好的表达场所。一汤一匙之间的体贴，一点一滴之间的体谅，一切尽在无言之中。将平时难以启齿的关爱，传递在聚餐之间。

个人来说我还是喜欢中国传统的家宴，热气腾腾，热热闹闹。家中有条件的还是建议：上菜前可以考虑用烤箱 160°C 左右预热 10 分钟，再把盘子放进去热 3~5 分钟左右（用可进烤箱的瓷盘）。如果是普通盘子，用热水淋一下擦干即可。因为我们中国人就是喜欢吃口热乎的。

皂角米炖鲜鲍螺片汤

秘制羊排

白玉藏玉珍

鱼汤泡饭

云腿竹笙星斑球

牡丹籽油炒鲜虾仁

极品酱佐烟熏豆干

杨汁甘露佐冰淇淋

Broth of Chinese Honey Locust Seeds And Fresh Abalone

皂角米炖鲜鲍螺片汤

家庭的聚餐有老有少，少不了一些营养含量高的滋补品。皂角米俗称雪莲子，是皂荚的果实，属高能量、高碳水化合物、低蛋白、低脂肪食物。放水加热膨胀，胶质半透明，香糯润口，能够调和人体脏腑功能。再配上鲜鲍，鲜美可口，嚼劲十足但又不考验牙口功夫。秘制螺汤鲜甜的口感，每一口都能够令人啧啧称道。

用料

皂角米 / 20g	姜片 / 10g
大连鲜鲍 / 1kg(约10只)	鸡骨架 / 500g
梁食养胃响螺汤包 / 1包	

a

b

c

d

e

步骤 ▶▶▶

❶ 皂角米洗净泡冷水备用（图 a）

❷ 大连鲜鲍洗净去壳去内脏，切花刀，备用（图 b）

❸ 梁食养胃响螺汤包内附有干响螺片，需先泡冷水，待泡软后切成块，
备用（图 c）

❹ 煮一锅水将鸡骨架汆烫去血水，汆烫后用清水洗干净，备用（图 d）

❺ 拿个汤锅煮一锅水，将鸡骨架、姜片、梁食养胃响螺汤包丢入汤锅内
煮，水滚后转小火慢慢煲 1 个小时

❻ 煲好一个钟头的汤底后，再将已泡冷水的皂角米丢入汤锅内，再煲
20 分钟，然后放入大连鲜鲍煮 3 分钟，即可起锅（图 e）

~~~~~ TIPS ~~~~~

皂角米口感软弹顺滑特别适合炖
汤煲糖水，和鲍鱼滑嫩的口感相
得益彰。

Pan-Fried Lamb Racks
秘 制 羊 排

羊排口感鲜美，肉质紧实，是一道美味食材，具有极高的营养价值，具备补虚温中的作用。然而羊肉有一股独有的膻腥味，有很多人对其有些抗拒，因而少了份享受健康美食的乐趣。秘制羊排通过腌制的烹调方法可以将膻腥味掩盖住，特别调制的酱汁通过多种调味料也可将羊肉的膻腥味抑制又提取羊肉的鲜，营养美味。

调 酱 汁 配 方

美极鲜味露 / 20g	黄柠檬原汁 / 30g
李派林汁 / 60g	黄芥末粉 / 2g
糖 / 40g	菜水 / 80g
梁食太行山槐蜜 / 8g	派林辣酱油 / 15g
鸡饭老抽 / 2g	

胡萝卜、西芹、洋葱、香菜各少许，加水用果汁机打成泥，过滤后取汁，作为菜水。

腌 制 剔 骨 羊 排 配 方

广东米酒 / 少许	低筋面粉 / 8g
盐 / 2g	玉米粉 / 8g
吉士粉 / 4g	香叶 / 2 片
糖 / 2g	菜水 / 150g
澄面 / 8g	食粉 / 4g

菜水制作：小干葱、蒜头、西芹、胡萝卜、香菜、美人极各少许，以上食材加水 300g 用果汁机打成泥，过滤取汁

用料

剔骨羊排 / 1kg	藠头 / 50g
洋葱 / 300g	小黄蕃茄 / 80g
甜豆 / 150g	小葱 / 50g

步骤 ▶▶▶

❶ 调酱汁配方

❷ 将酱汁配方全部倒在一起煮滚后备用

❸ 腌制剔骨羊排

❹ 将剔骨羊排切厚片，每块羊排都必须带骨带肉，切好的羊排再用腌制羊排的配方腌制最少 4 个小时，备用

❺ 洋葱对半切，每片剥开后再切成 U 型的形状，小黄蕃茄底部切一刀，让蕃茄能直立，藠头底部切一刀，让藠头能站立，小葱洗净留根部葱白部分，切 8 厘米长，备用

❻ 取一个平底锅放入少许黄油，把切好的洋葱煎香，小葱煎成金黄色备用

❼ 煮一锅水，放入少许盐、色拉油，将甜豆仁放入煮 3 分中捞起，放在已煎香的洋葱里面

❽ 将腌好的羊排煎八分熟后，放入已煮好的羊排酱汁，适量放水，待收汁后起锅装盘。装盘时再将藠头、黄蕃茄、小葱摆放在羊排旁边即可

TIPS

羊排最好选用山羊肉，膻味轻，用多种口味的调味料组成的酱汁腌制，这样可以最大程度减少膻味。煎制羊排需要先用较高的油温去煎，先锁住肉汁，再小火煎熟。

Stir-Fried Winter Melon with Mushrooms
白玉藏玉珍

白玉藏玉珍，菜如其名，为食客创造了一种掘宝的无穷乐趣。采用了九道鲜美食材，其中包括五类菇、虫草和木耳，似乎将整个森林都掩藏在此道菜品中。菇类的鲜嫩和木耳的脆爽交融于口中，创造出独特的口感。虫草又使得该菜品成为一道滋补佳品，特别适合全家和乐的时候食用。

用料

冬瓜 / 500g	平菇 / 50g	生粉 / 30g
黄耳 / 30g	蟹味菇 / 50g	银杏 / 150g
白木耳 / 50g	鲜香菇 / 50g	牡丹籽油适量
鲜虫草花 / 60g	盐 / 10g	
白玉菇 / 50g	糖 / 5g	

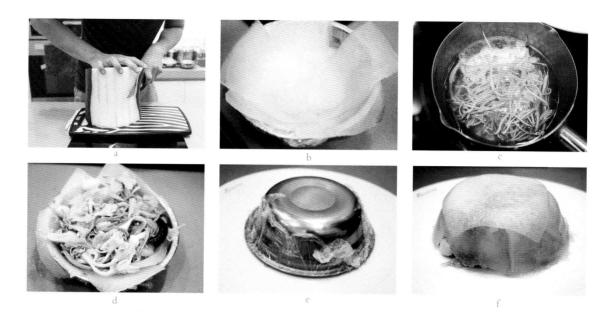

步骤 ▶▶▶

❶ 冬瓜去皮去籽，黄耳泡冷水，白木耳泡冷水，泡软后剪掉底部硬的地方，鲜虫草花切掉根部，白玉菇切掉根部，平菇切掉根部，蟹味菇切掉根部，鲜香菇去掉蒂头切粒，备用（图 a）

❷ 冬瓜切薄大片数片，烧一锅水，将冬瓜片泡半透，稍微有点软就要捞起来，再找个有深度的碗，将冬瓜片铺在碗里，备用（图 b）

❸ 将鲜虫草花用适量的水，小火煨煮，煮到鲜虫草花本身自然的色素出来，备用（图 c）

❹ 拿个平底锅倒入牡丹籽油，将白玉菇、黄耳、白木耳、蟹味菇、平菇、生香菇、银杏炒香，放少许水、盐、糖，调好味后勾点薄芡，勾好薄芡的菌菇再放在先前准备的冬瓜片里，填满碗，接着用保鲜膜包住，放入蒸箱蒸 8 分钟（图 d ~ g）

❺ 在等待过程中，将先前煨煮的虫草花捞起，只要汤水的部分，调好味道后，用生粉水勾薄芡，接着将蒸好的冬瓜拿出来，撕掉保鲜膜倒扣在要盛盘的容器里，再将调好味道的虫草花酱汁淋在上面，即可（图 h ~ j）

━━━ TIPS ━━━

冬瓜切薄皮，不要煮太熟，做模子的时候更容易定型，不容易烂掉影响美观。菌菇、木耳和虫草不要炖煮过久，否则整道菜都是绵软的口感。

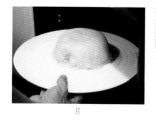
g

h

i

j

Rice Steeped with Seafood Broth
鱼汤泡饭

鱼汤泡饭是道能够提升幸福感的菜品。不少人的儿时记忆里都有那么一道泡饭。石斑鱼营养丰富，肉质细嫩洁白，类似鸡肉，素有"海鸡肉"之称。石斑鱼的肉分布均匀，鱼肉鲜美又大块，有很好的口感与鲜度。鱼汤配饭，细嚼慢咽，汤鲜而饭劲道，不时还能吃到梭子蟹的蟹肉和蟹黄，更添一层鲜味。

用料

石斑鱼 / 800g	嫩姜 / 100g
梭子蟹 / 一只	白胡椒粒 / 5g
丝瓜 / 100g	内酯豆腐 / 1 盒
小葱 / 30g	大米 / 150g

~~~~~ TIPS ~~~~~

如果完全按照食谱制作鱼汤泡饭
可用东星斑的剩余部位熬制鱼汤，
平时单独制作可以用鲫鱼、石斑
鱼煲鱼汤。鱼汤和蟹肉的搭配可
以说是极致鲜美的体验，配合一
点点白胡椒，整锅泡饭让你体验
中餐简单和极致之美。

步骤 ▶▶▶

❶ 大米洗净用电饭煲煮熟备用

❷ 石斑鱼洗净去鳞，取鱼肉后切片，鱼骨砍块备用（图 a、图 b）

❸ 梭子蟹洗净去掉里面沙囊后，蟹脚用菜刀拍碎，进蒸箱蒸 8 分钟，蒸熟后去壳拆肉，备用（图 c）

❹ 小葱一部分切葱花，嫩姜切细丝，留几片姜片，丝瓜去皮切片，备用（图 d）

❺ 起一个油锅将姜丝小火慢慢炸，炸成金黄色，备用

❻ 找个不粘锅，烧热锅子后放入油，将鱼骨放进去煎到两面焦黄色泽后起锅备用

❼ 找个煮汤锅，将水煮开后，加入煎好的鱼骨、小葱、姜片、白胡椒粒、内酯豆腐（需要捏碎）大火熬煮 10 分钟，待汤呈现乳白色，转小火煮 25 分钟，让鱼的胶质完全释放出来，备用（图 e）

❽ 这时再取一个干净的汤锅，将熬煮好的鱼汤过滤，汤渣不要，只要汤，然后调味，放入少许盐、糖，再将切好的丝瓜片、鱼片放进鱼汤内煮 1 分钟，起锅，煮好的白米饭放进鱼汤内，上面再放拆好肉的蟹肉、葱花、炸姜丝，即可（图 f ~ h）

Stir-Fried Grouper with Bamboo Fungus And Yunnan Ham

云腿竹笙星斑球

金华火腿香气浓郁，营养丰富，鲜美可口，再加上自身本就鲜甜细腻的东星斑，浅尝一口便能唤醒味觉。干竹笙味淡清雅，易吸取别的食材的味道，用高汤煲时犹如海绵般吸取高汤中的精华，鲜美多汁。竹笙能在火腿的咸和斑鱼的甜中起到调和提鲜的作用，其本身还有刮油、降油脂的作用，令整道菜味美而又营养健康。

用料

东星斑	1 只	菠菜	120g
金华火腿	100g	白醋	5g
韭菜	10g	盐	6g
干竹笙	40g	糖	2g
高汤	150g	生粉	30g

a   b   c

d   e   f

~~~~~ TIPS ~~~~~

东星斑放在家宴里边特别能展现一点点厨艺小技巧，鱼虾这些健康的食材本来就适合家庭聚会。配合清爽的菠菜垫底是美味和健康完美的结合，而且符合一家老小的口味。东星斑本来没有太浓的味道，体验的是鱼肉嫩滑饱满的肉质，和火腿一起提升的鲜美味道。

步骤 ▶▶▶

❶ 东星斑杀净去鱼磷取鱼肉，取完鱼柳后切成 8 大块，再用盐、糖、少许生粉腌制 10 分钟，备用（图 a ~ c）

❷ 金华火腿切薄长片，备用

❸ 干竹笙泡冷水，待泡软后用剪刀剪掉头跟尾部，再煮一锅水，放点白醋，把剪好的竹笙放下去煮一分钟后捞起冲冷水，备用

❹ 菠菜切掉根部洗净，韭菜切掉根部洗净，备用（图 d）

❺ 煮锅热水将韭菜烫 5 秒，捞起泡冷水，备用

❻ 拿个蒸盘，把腌好的星斑球摆好，鱼肉上面铺一片金华火腿片，再用已经烫过水的韭菜，把鱼肉跟金华火腿片绑住，进蒸箱蒸 6 分钟，在等待的过程中，准备煮一锅水，放入盐、少许油，把菠菜烫熟后捞起，压干水分后装盘，等一会儿放在蒸好的星斑球下面，同时再将高汤煮开，调味，勾点芡。这时鱼肉已蒸熟，取出放在菠菜上面，淋上勾好的高汤芡在星斑球上即可（图 e、图 f）

Stir-Fried Fresh Shrimps with Nut Oil
牡 丹 籽 油 炒 鲜 虾 仁

这道菜品绝对是色香味俱全的典范之作。白嫩的虾仁配上原木色的腰果，再加上食用鲜花的点缀，在看向它的第一眼就被征服了。在牡丹籽油的微微香气中夹上一个虾仁或一颗腰果，自然的咸香滋味掺和着河鲜的鲜美，令人食指大动。腰果仁味道似花生却又胜花生，鲜甜爽脆，回味无穷。

用料

河虾仁 / 500g		花生油 / 300g
牡丹籽油 / 30g		盐 / 少许
腰果仁 / 30g		生粉 / 10g
食用鲜花 / 10g		

a

b

c

步骤 ▶▶▶

❶ 准备一个锅子，倒入油，开火让油温到 80℃ 左右，再将河虾仁倒入油锅内，搅拌数下，待河虾仁温油泡七分熟后，捞起备用（图 a）

❷ 再准备一个干净的锅子，倒入油，油温不能太高，将先前泡过花生油的河虾仁放入，加少许盐、糖调味，勾点生粉水，拌炒 2 分钟后捞起装盘，上面再撒点腰果仁和食用花即可（图 b、图 c）

~~~~~~ TIPS ~~~~~~

牡丹籽油有淡淡的坚果香气，与虾仁的健康搭配特别自然。没有多余的东西介入，清澈的气息突出虾的新鲜。

Smoked Dried Tofu with Special Sauce
极品酱佐烟熏豆干

暂且不论味道，这道菜的制作过程同样是令人成就感十足的。在私人的小厨房，豆制品特有的豆香气氤氲着，看着白嫩的豆腐在烟熏中慢慢变成淡黄色直至深黄，豆香气转而夹杂了烟味，诱惑力十足。烟熏豆干和XO酱的组合弥补了豆制品较为清淡的口感。优质的XO酱包裹着豆干，鲜嫩可口。

用料

XO 酱 / 50g	白糖 / 20g
厚千张丝 / 1kg	低筋面粉 / 20g
高汤 / 800g	大米 / 20g
盐 / 15g	茶叶 / 10g
鸡粉 / 8g	

❶ 取一个汤锅将高汤放入煮滚后加盐、鸡粉、糖调味，再把厚千张丝放入，小火煮30分钟，煮到八分软后捞起，再拿一个有洞的不锈钢容器，将煮过的厚千张放进去铺平，上面再找个可装水的容器，重压在上面（作用是让煮过的厚千张定形），最少要压3个小时才能定形，备用（图a ~ c）

❷ 将已定形的厚千张切成厚长条，备用（图d）

❸ 撕一张锡箔纸，在锡箔纸上放入面粉、大米、糖、茶叶备用（图e）

❹ 取一个干净的锅子，擦干内锅，把已放入面粉等材料的锡箔纸放在锅子最底部，上面再拿个有高度的不锈钢网摆在上面，接着将切好的厚千张摆在铁网上，盖上锅盖，开火让锅子冒烟，冒烟后再把火关掉，让里面的烟可以慢慢熏，熏到厚千张上色后，取出备用（图f）

❺ 将熏好的厚千张豆干切成块。在切好的厚千张豆干上面摆上XO酱，即可（图g、图h）

a   b   c   d

e   f   g   h

~~~~~~~~~~~ TIPS ~~~~~~~~~~~

千张是特别健康的食物，通过压
制后做成小豆腐干墩，口感密实，
豆子的香气和 XO 酱的回甜味在一
起特别清爽。

109

Mango Pomelo Sago with Ice Cream
杨枝甘露佐冰淇淋

杨枝甘露在港式茶餐厅中比较常见，用煮的方式将西柚和杧果结合成酸甜可口的美味甜品。杧果和西柚富含维生素兼具饱满的果肉，吃时可以感觉到杧果的酸甜、西柚的爽口、西米的爽滑、牛奶加椰汁的香甜，在夏天食用犹如久旱逢甘露，消暑益气。再配上冰激淋，更添绵密口感，给人无限的幸福感觉。

步骤 ▶▶▶

❶ 鲜杧果去皮切小块，西柚去皮取里面果肉拆散（不可拆烂果肉）备用

❷ 水 500g 加 250g 白砂糖煮化待凉，（作为糖水）备用

❸ 煮一锅水，水滚后倒入西米，小火煮 10 分钟，待西米已呈现透明状后，倒掉热水过滤，再把煮好的西米冲冷水让西米冷却后，加入煮好的糖水泡住，备用

❹ 取一个干净没油质的容器，将速冻芒果泥 500g、牛奶 250g、碎冰 160g、糖水 150g 搅拌均匀，备用

❺ 拿一个要呈现甜品的容器，将已煮好的西米放在最底部，再把切好的杧果粒放上去，此刻把刚刚搅拌好的杧果糖水适量倒入，之后再挖一球香草冰淇淋，上面撒些西柚果肉，插一根薄荷叶，即可完成

用料

速冻杧果泥 / 500g	鲜奶 / 250g	碎冰块 / 160g
鲜杧果 / 1 颗	水 / 500g	薄荷叶 / 10g
西柚 / 1 颗	白砂糖 / 250g	
西米 / 100g	香草冰激淋 / 1 盒	

～～～～～ TIPS ～～～～～

冰激凌杨枝甘露可以分为两部分，单纯的杨枝甘露适合老人，加入冰淇淋的是给小朋友分享的。完全手工的杨枝甘露没有任何添加剂香精。让杧果的香气和湿甜与西柚的甘酸综合，你能感受到对家人的关爱。

商务宴请考量的
不是厨艺，而是情商

在西方社会里，在家里进行商务宴请可谓是对客人的最高礼遇。温馨放松的家庭氛围，可口的饭菜，亲自下厨的诚意以及邀请对方进入自己家庭生活空间的热情，这些都会为你的商务谈判增添砝码。

～～～～～～～～～～～～～～～～～～～～～～～～～～～～～～～～～～～

商务宴请就其本质而言，一个是为合作机遇创造洽谈的空间，另一个是以自己的个人魅力获得合作的更大可能性。在西方社会里，在家里进行商务宴请可谓是对客人的最高礼遇。温馨放松的家庭氛围，可口的饭菜，亲自下厨的诚意以及邀请对方进入自己家庭生活空间的热情，这些都会为你的商务谈判增添砝码。

由于我的厨师身份，经常因为工作原因邀请客人试菜，也有许多合作是在餐桌上谈成的。我们身处一个大的博弈环境——社会，处处需要与人不断竞争与合作。要得到领导和客户的信赖的确不易，除了工作的勤力，这个社会还考量着每个人方方面面的能力。

一场设置在家中的商务宴席考量的就是个人情商。细心，技巧，厨艺等等只是个人能力的加分点，一场筹备条件受限的宴请就是从侧面对综合能力的查验。当然，你也有可能在做好充足的功课、把握细节的基础上，用一道美味就一举征服客人的心。

身 边 的 商 务 洽 谈 之 所

许多人的脑海中一听到需要商务洽谈，下意识地会去寻找附近最高档抑或氛围最为雅致的场所。殊不知，商务宴请最好的地方就在身边。在家中宴请客户虽然比起外面的餐厅轻松亲切许多，但这并不意味着会将客户置于一种太过随意的场面。相反，商务宴请这种高规格的家宴，在轻松的氛围下，却有着更高更苛刻的要求。

首先，家里要具备一些可以宴请的条件，例如精致齐备的餐具、有些小情小调的家居摆设、宽敞舒适的就餐环境（如果你家厨房的油烟不能好好处理，一炒菜就充盈于整个房间的话，那么建议你还是外出宴请）。如果以上这些硬件条件都具备，接下来就是各项软件条件，比如说主人家的厨艺还是要有一定基础，对领导和客人的口味要拿捏准确，起码不要起反效果。家人懂得一些宴客的基本礼仪、餐酒的搭配、配饰的点缀，等等。另外如果家里有孩子，也需要教导孩子有基本的待客礼仪。当然，如果不是对等关系，比方说客人也带着孩子一起来，那么，我还是建议这么重要的商务场合，家里的孩子以不要参加为好。

经过这一系列的细心准备，我有信心说，你在家里宴请生意伙伴肯定比到酒店或者餐厅的效果更好，不论领导还是 VIP（贵宾）客人都会对你刮目相看：一个对生活品质有要求的人同时会是一个生活得很有档次的人，工作中也不会马虎。

商 务 宴 请 的 高 风 险

和寻常的聚餐不同，商务家宴首要的是礼仪而非美食。倘若礼仪不到位，美食即便再丰盛可口，也只是一堆浮华的泡影。

礼仪讲究的是细节。很多细节能让客户更信任你，这些可能跟食物无关。比如说你家里的洗手间必须一尘不染，家里的摆设整洁不杂乱，家人的衣着和举止得体，并且他们所表现出来与你的关系也非常融洽亲密。

要知道，在家里进行商务宴请，虽然有着很好的收益，但是同样也会有很高的风险。一旦决定，那么你个人生活的每一个细节状态，都会成为他人评估你的事实依据。所有的这些表现，可能会为你加分，但如果准备不足，那就很有可能给你减分了。

尽管与客户会面的时候免不了以一种彬彬有礼的态度相待，你或许有些厌烦这种客套的模式。的确不一定要很拘谨，可以亲切，但是周到很重要——有没有及时地加水、加酒，甚至微笑询问：菜品是否符合大家口味。

如 何 做 好 家 宴 准 备 工 作

由于我是专业厨师，所以对于厨房饭桌上的事还是有自信能够处理得当的。但是，我时常看见普通人家因为在家做饭请客一片混乱还没法做好一桌菜，其实这并非专业与不专业的区别，只是准备的时候经验不足。

准备工作的首要任务是制定好菜单，事先打听客人的用餐习惯和喜好是基础，否则，你满心热情的准备了一桌子的鸡鸭鱼肉，而对方却是一位素食者，那就不止是饿肚子那么简单的事情了，而是一件非常失礼的事情。

在确认好菜单之后，便提前采购，采购的明细单列得越细越好，包括各种调料和配菜，以免到时候缺东少西，手足无措。另外一件非常重要的准备工作是，将所有菜品的食材分别进行粗加工（洗菜、切菜，包括配料的切配，调料、酱汁的准备），如果是厨房经验不足的人，就不要选择太难处理的食材，同时，要提前制作用时长的汤品以及其他的炖汤，这样不仅能保证菜品的口味，还能为你在最后的上菜过程节省时间，能有更多的机会与客人交流，而不仅仅只是一个厨子。

尽管中国人习惯盘菜，但我建议商务宴请还是尽量选择位上的菜品（每人一份），这样不管客人职位高低，都能完整充足的享受属于自己的美食。当然，这个也要看客人的喜好，并非一成不变的。

大家总有一个误解，觉得煎牛排是件很容易的事，其实不然，初学者很难掌握火候，更难辨别食材好坏与部位的取舍。菜品的烧法尽量选择焖炖，当然有一定烹饪水准的读者也可以根据自己的水准去订制菜单，但也要遵循大餐的开胃菜，前菜，汤品，主菜，主食，点心（甜品）

这个基本用餐顺序。

不要过于运用繁复的烹饪手法，掌握好每次上菜的时间、每道菜之间的间隔，留些时间和客人聊天。

以 完 美 的 细 节 博 得 好 感

商务家宴的另一个特色就是不用在饭桌上单打独斗了，在客人进门的那一刻就是考验家人默契程度的开始。家人的陪同可以让细节得到更好的处理。

一场商务的宴请其实跟打仗没有区别，你不可能靠自己一个人独立完成。在与客人聊天的时候，家人要能及时上菜，或者在烹饪的时候，家人要能陪同客人聊天。

食物博得大家喝彩是成功的第一步，一些细节例如盘子的温度、酒品的搭配、开餐前的小吃、上菜等菜的时间节奏等等都能在整场战役中帮你获得加分点。

酒的辅助是中国餐桌必不可少的组成，觥筹交错中寻找共同的话题让客人产生共鸣，酒酣耳热的场面基本就能给自己打 90 分了。

事实上，所有的陈设、摆盘、氛围都是为菜品服务的。和餐厅不同，客人还是看重主人的手艺，不会把服务、摆盘和氛围看得很重要，但是一旦出乎他们意料的时候，就能大大加分。如果要给各项的重要程度打个整体分的话，那么菜品 50 分，餐具 20 分，摆盘和服务各 15 分。

蔬菜三拼

松茸菌炖跑山鸡汤

葱烤银鳕鱼

山核桃牛仔粒

干锅香辣牛蛙

辣椒螃蟹

东北小木耳丝瓜

Assortment of Three Vegetables
蔬菜三拼

虫草花拌干丝

虫草花和冬虫夏草名字相近，从物种上来说没有任何关系，然而营养价值不输冬虫夏草，具有丰富的虫草多糖、维生素和氨基酸。虫草花是一种菌菇类，有着菌类特有的软弹口感。虫草花拌干丝在云南菜中比较多见，鲜美的虫草花配上同样软嫩的干丝，绝对能够抚慰味蕾。

用料

虫草花 / 200g		盐 / 5g
干丝 / 100g		鸡粉 / 3g
香椿苗 / 50g		糖 / 2g
红甜椒 / 30g		麻油 / 8g
黄甜椒 / 30g		

a

b

c

d

步骤 ▶▶▶

❶ 红甜椒切细丝，黄甜椒切细丝，香椿苗洗净备用

❷ 煮一锅水将鲜虫草花、干丝、红甜椒丝、黄甜椒丝分开余烫 2 分钟后，捞起泡冰水，备用（图 a～c）

❸ 将泡冰水的鲜虫草花、干丝、红甜椒丝、黄甜椒丝捞起来滴干水分后，再把鲜虫草花、干丝拌入少许盐、鸡粉、糖、香油，调拌均匀后即可装盘，上面再放红黄甜椒丝，最后再撒上香椿苗即可（图 d）

~~~~~ TIPS ~~~~~

选用品质好的干丝，焯水，这样可以去除豆腥味。干丝本身没有显著的味道，所以酱料的调配要注意保证咸鲜味，吃的时候要与酱料拌匀。

Vegetarian Tofu Rolls
江南素鹅卷

能把素菜做出肉的口感和味道想必是每个想忌口的肉食爱好者的终极梦想。这道菜品的名字彰显着自己素菜的身份，却赫然有个"鹅"字或许会使人心生困惑。素鹅事实上是用豆腐皮做成的，在广东、江浙一带是一道颇受欢迎的卤味菜，清鲜素味营养丰富。包裹在腐衣内的各色馅料赋予食客丰富口感，素而不单调。

用料

腐皮 / 6 张		本芹 / 15g	
胡萝卜 / 400g		盐 / 8g	
金针菇 / 100g		鸡粉 / 4g	
生香菇 / 100g		糖 / 2g	
冬笋 / 200g		香油 / 10g	
嫩姜 / 20g		生粉 / 15g	

~~~~~ TIPS ~~~~~

此道菜着眼于健康以及柔软的口感，如果想要脆脆的口感，可以将豆皮油炸一下。
素鹅卷的内馅可以根据自己的喜好进行调整，但要尽量选择爽口鲜美的食材。

步骤 ▶▶▶

❶ 胡萝卜切丝，金针菇切掉根部，生香菇切丝，冬笋切丝，嫩姜切细粒，本芹切细粒，备用

❷ 煮一锅水将胡萝卜、金针菇、生香菇、冬笋汆烫3分钟后捞起，滴干水分，备用（图 a）

❸ 取一个锅子，倒入少许油，把姜粒爆香，接着放入本芹、烫好的菌菇类一起拌炒，盐、糖、鸡粉调味，最后勾点芡，再淋些香油即可起锅，待凉后备用

❹ 找个干净的大盘子，将腐皮铺上去，最少要铺3张，再把炒好的料铺上去卷成扁长条型，在封口处用竹签插住，备用（图 b）

❺ 将包了料的素鹅卷放进蒸箱蒸2分钟后取出，备用

❻ 取一个平底锅，将蒸好的素鹅卷小火煎到两面金黄色即可起锅，再切成长条形就可以装盘（图 c、图 d）

a

b

c

d

Shredded Chinese yam with shiso plum and red wine dressing
紫苏梅红酒山药

紫苏梅和山药，不仅味道超级鲜美还具有很好的养生功效，是秋季不可缺少的美味菜肴。黏滑口感是山药的特色，而且口味上具有很大的可塑性。山药在烹饪过程中吸取了紫苏梅和红酒凤梨汁的酸甜感，再加上本身淡淡的甜味，口感一层酸甜一层黏滑，饶有趣味。配上热气蒸腾扑面而来的微微酒香，能让食客从内而外地享受着品味美食的那一刻。

用料

新鲜凤梨 / 55g	紫苏梅 / 600g
大红浙醋 / 25g	白砂糖 / 75
红酒 / 60g	山药 / 300g

~~~~~ TIPS ~~~~~

山药接触空气后会逐渐氧化褐变，去皮改刀后需立即浸泡在盐水中。切新鲜山药时需做好保护措施，以免其中的粘液引起皮肤过敏。制作紫苏梅酱汁时，红醋无需过多，紫苏梅本身即带有酸味。

a   b

步骤 ▶▶▶

❶ 新鲜凤梨去皮切块，紫苏梅捏碎去籽（泡紫苏梅的水要留）山药去皮切长条，备用

❷ 鲜凤梨、红酒用果汁机打均匀后，加入红醋、紫苏梅果肉及泡紫苏梅的水、白砂糖，煮滚待凉，备用

❸ 山药汆烫 2 分钟后泡冰水，冰镇过后，捞起滴干水分，备用（图 a）

❹ 将山药排列好后，淋上紫苏梅酱汁，即可（图 b）

Broth of Matsutake and Chicken

松茸菌炖跑山鸡汤

松茸菌味道鲜美，营养丰富，具有一定的抗癌效果。土鸡较一般的养殖鸡而言，肉质更为紧实，与松茸菌相配成此菜，可为人体提供丰富的营养成分，具有补脾胃的功效。土鸡汤香气扑鼻，鸡油色泽金黄，漂浮在上层。肉经过炖煮后酥烂，肉香浸润到汤中，使用金华火腿更可以提升鲜度。

用料

土鸡 / 80g

干松茸片 / 10g

金华火腿 / 15g

赤肉 / 20g

嫩姜 / 8g

枸杞 / 8g

料酒 / 10g

盐 / 少许

鸡粉 / 少许

糖 / 少许

a

b

c

d

～～～ TIPS ～～～

选用玉米鸡或土鸡，这样炖出来的鸡汤比较香浓。可以先用鸡骨头熬个鸡底汤。干松茸片事先用清水浸泡 1~2 小时。食材均鲜美异常，无需加入过多的调料，不要放太多的盐。

步骤 ▶▷▶

❶ 土鸡洗净切小件，金华火腿切小粒，赤肉切小粒，嫩姜切片，备用

❷ 准备一锅烧开的热水，将土鸡、赤肉粒分别余烫去血水，余烫后再用清水清洗干净，备用（图 a、图 b）

❸ 拿一个炖盅，将余烫过的土鸡、赤肉粒放入炖盅内，再依序把其他配料。干松茸片、金华火腿、姜片、枸杞、料酒也放入汤盅内，放入高汤、盐、鸡粉、糖调味（图 c）

❹ 最后汤盅盖上盖子，进蒸箱蒸 1 个半小时，即可（图 d）

124

Baked Escalope of Marinate Cod, Scallions, Crushed Garlic

葱烤银鳕鱼

银鳕鱼入口即化的肉质，适合搭配同样柔软的食材。小葱是一个不错的选择，不仅口感上比较协调，而且烹饪后能添一道香味。银鳕鱼本身肉质肥美，豆瓣酱浓稠的质感能够驾驭得了这种食材。同时用花雕腌制，腌制完的银鳕鱼受热会伴着酒香散发独特的鲜香味。

用料

深海银鳕鱼 / 600g

小葱 / 100g

小干葱 / 75g

蒜头 / 75g

豆瓣酱 / 125g

生粉 / 50g

花雕酒 / 50g

香油 / 30g

糖 / 75g

鸡粉 / 10g

步骤 ▶▶▶

❶ 深海银鳕鱼切块（约每块 100g），小葱洗净切掉根部，小干葱去皮切成细末，蒜头切成细末，备用

❷ 取一个干净的盆子，将小干葱末、蒜末、豆瓣酱、花雕酒、糖、鸡粉、生粉、香油搅拌均匀后，再放入银鳕鱼腌制 3 小时，备用

❸ 腌制好的银鳕鱼，把腌料去掉，找个蒸盘将银鳕鱼蒸 3 分钟后取出，备用

❹ 找两个竹网，先在一个竹网上铺上一些小葱，再把刚蒸好的银鳕鱼放在小葱上，上面再铺上一层小葱，接着将另一个竹网放在最上层，用竹签把竹网的4 个边穿住，（防止下油锅时脱落）备用

❺ 起一个油锅在 150℃ 左右，将穿好的银鳕鱼下油锅炸，炸至看到小葱呈现金黄色泽后捞起，再将先前穿好的竹签竹网拿掉，然后装盘，先将炸好的小葱铺在盘子底部，上面再放上银鳕鱼装饰，即可（图 a、图 b）

a

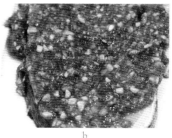
b

―――― TIPS ――――

选用银鳕鱼中间段的鱼肉，厚实，带鱼皮，勿选用鱼腹的鱼肉。银鳕鱼味淡，但是吸味，腌制时不要放入过多的酒和酱油，否则容易过咸。

Stir-Fried Beef Cubes with Pecan
山核桃牛仔粒

尽管牛仔粒首先要腌制，工序稍显复杂，但最后的成品不会让你失望。牛肉经过腌制后不容易烧得过老，口感可以保持鲜嫩。酱汁的调制在整个菜品烧制过程中也十分重要，味道的调和显现十分依赖酱汁。山核桃除了增加菜品的营养值外，还可以减少酱汁牛仔粒的油腻，丰富口感。

用料
牛菲力 / 300g
紫洋葱 / 15g
大葱 / 20g
红甜椒 / 15g
黄甜椒 / 15g
蒜头 / 10g
小葱 / 8g
黑胡椒碎粒 / 3g
黄油 / 15g
山核桃果仁 / 20g

128

a　　　　　　　　　　b　　　　　　　　　　c

腌 制 牛 肉 配 料

用料

鸡粉 / 1g	水 / 40g
食粉 / 1g	柱侯酱 / 20g
生粉 / 10g	玉米油 / 30g
糖 / 3g	鸡饭老抽 / 8g

以上食材先秤好份量，搅拌均匀后，再放入牛肉
拌均匀，后下玉米油封油。腌 3 个小时，备用

炒 牛 肉 酱 汁

用料

亨氏蕃茄沙司 / 50g
糖 / 22g
李派林 / 15g
美极鲜味露 / 40g

全部食材冷调，搅拌均匀，无需加热，备用

步骤 ▶▶▶

❶ 腌制牛肉配料

❷ 炒牛肉酱汁

❸ 牛菲力切骰子粒大小，紫洋葱切菱角型，小葱切葱段，蒜头切片，红甜椒切菱椒型，黄甜椒切菱椒型，大葱斜切 2 厘米长，再把大葱一层层剥出来，呈现一圈圈的型状，备用

❹ 取一个平底锅，放点黄油，将牛肉粒煎六分熟后取出，备用（图 a）

❺ 再用一个干净的平底锅，放入少许的黄油，先将蒜片、小葱、洋葱、黑椒碎粒爆香，爆香后再放入煎好的牛肉、红黄甜椒。拌炒 1 分钟后，接着再把先前调好的酱汁，适量放入一起拌炒，即可起锅装盘，装盘后上面撒些山核桃，即可完成（图 b、图 c）

~~~~~ TIPS ~~~~~

山核桃选用已剥好的果实，选用原味。炒好牛肉，最后再洒核桃在牛肉上，这样才不会影响山核桃的口感。牛仔粒的制作过程中，牛肉片不要切得太厚，牛肉腌好后不要放置时间过长。

Spicy Wok Grilled Frogs
干锅香辣牛蛙

干锅是一种地道的川菜做法，与火锅和汤锅相比，汤少，味更足，口味基本上都是鲜香麻辣。在稍显冷意的天气里，端上一个热乎乎的小锅子，不仅是热度能够温暖人，其中火红的辣椒在味觉上也给予食客一丝暖意。牛蛙肉质鲜嫩，即便双唇被花椒麻辣得有些微微颤抖，口中依旧是蛙肉的甜美。

用料

牛蛙 / 700g	大葱 / 70g	花椒 / 少许
土豆 / 150g	大蒜 / 70g	料酒 / 少许
莴苣 / 100g	生粉 / 30g	生抽 / 少许
香菜 / 15g	盐 / 少许	糖 / 少许
干辣椒 / 15g	白胡椒粉 / 少许	
姜 / 50g	阿香婆香辣牛肉酱 / 30g	

步骤 ▶▶▶

❶ 牛蛙请摊主活杀后去除内脏、皮、脚趾，洗净后切成块，备用

❷ 土豆、莴笋分别去皮切成条，香菜、葱切段，蒜去除外皮剥出蒜头，姜切片，备用

❸ 牛蛙放入碗里，加少许盐和胡椒粉拌匀腌制 15 分钟，备用

❹ 热锅中放入足量油，至六成热下土豆条以小火炸熟后捞出备用

❺ 腌好的牛蛙拍些生粉，将其放入油锅炸至微黄捞出备用

❻ 锅中倒去多余的油，留少许底油，放入葱、姜、干辣椒、花椒和蒜头爆香（图a）

a

❼ 将一大勺阿香婆香辣牛肉酱下锅炒香，放入莴笋和土豆略微翻炒

❽ 加入适量料酒、生抽、糖调味，将炸好的牛蛙放入，迅速翻炒均匀后，撒入香菜段即可（图b）

b

130

~~~~~~~~ TIPS ~~~~~~~~

选用新鲜现杀的牛蛙。牛蛙不能
煮太熟（烹煮4分钟左右），否
则影响口感。牛蛙的前期腌制工
作非常重要，决定牛蛙的鲜嫩程
度。牛蛙中的水分应该炒干，口
感更佳。

Singaporean Style Chilli Crab
辣椒螃蟹

辣椒和蟹都具备鲜香的特点，两者结合更将鲜美演绎到极致。辣椒酱完全衬托出蟹肉的鲜甜原味，再吮吸蟹肉中的汁水，浓郁稠厚。微辣的味觉体验是包含小美椒、辣椒干等在内的秘制辣椒酱带来的，在青蟹肉鲜甜原味的基础上，给予味蕾适当的刺激，带来一重重的味觉惊喜。

用料

膏蟹 / 1 只 (约 750g)

鸡蛋 / 1 颗

法棍 / 1 根

高汤 / 400g

辣椒蟹酱 / 100g

盐 / 少许

糖 / 少许

生粉 / 80g

辣椒蟹酱配方

用料

干辣椒 / 50g	小干葱 / 30g
美人椒 / 75g	蒜头 / 30g
指天椒 / 25g	香茅 / 20g
南姜 / 10g	鸡粉 / 22g
黄姜 / 10g	糖 / 25g
嫩姜 / 50g	虾膏 / 12g
开洋 / 50g	

步骤 ▶▶▶

❶ 膏蟹洗净沙泥，取掉蟹里面沙囊后砍块，法棍切片，备用

❷ 干辣椒泡热水，美人椒切圈，指天椒切碎，南姜去皮切块，黄姜去皮切块，嫩姜去皮切块，开洋用烤箱 100℃，烤 15 分钟后取出，用菜刀切碎，小干葱去皮切末，蒜头切末，香茅切圈，虾膏用烤箱烤干，100℃ 烤 25 分钟，然后捣成粉状，备用

❸ 将干辣椒、美人椒、指天椒放入果汁机内，加少许的油打成泥，倒在一个容器里，接着再放入南姜、黄姜、嫩姜，也是放点油打成泥，最后香茅也是放点油打成泥，备用

❹ 起一个油锅，油温在 130℃ 左右，先放入小干葱末炸到有点金黄色，接着再放入蒜末，也是快呈现金黄色，再依序放入打好的姜茸、辣椒茸、香茅茸、小火慢慢推酱，看到油的表面冒泡比较少的时候，再放入开洋、鸡粉、虾膏粉、糖，搅拌均匀，待调味料煮溶后就可以起锅，作为辣椒蟹酱总酱，备用

❺ 准备一个油锅，油温在 180℃，拍点干生粉，将膏蟹下锅炸，炸到六分熟后捞起，滴干多余的油分，备用（图 a）

❻ 将先前煮好的辣椒蟹酱放在锅子内，稍微拌炒一下后，加入高汤、炸好的膏蟹，调好味道，将蟹小火煮，让味道能进去，接着勾点薄芡，勾好芡后再倒入蛋液，慢慢搅拌一下，勿太大动作去搅，不然蛋液还没熟，待会儿呈品不美观（图 b）

❼ 煮好的辣椒螃蟹，附上法棍一起吃，更美味

a

b

~~~~~~ TIPS ~~~~~~

蟹钳要拍碎，处理蟹的时候要拿掉不可吃的地方（沙囊和腮）。辣椒酱对整道菜呈现的口感至关重要，在辣椒酱的制作过程中尽量多试味。

Stir-Fried Black Fungus with Sponge Gourd
东北小木耳丝瓜

木耳和丝瓜都是两味口感爽脆的食材，两者的结合对女性食用者来说不失为一种美容养颜的滋补品。本身就鲜嫩可口，再浇上一层熬煮多时的老鸡汤，墨黑的木耳和淡绿的丝瓜霎时镀上了一层金黄的色泽，清香四溢。食用时，零星汤汁包裹着食材，既能品尝到土鸡的肉香味又能感受到木耳和丝瓜清爽的口感。

用料

黄油老鸡 / 500g	胡萝卜 / 200g
东北小木耳 / 10g	南瓜 / 100g
丝瓜 / 350g	盐 / 15g
嫩姜 / 10g	鸡粉 / 8g
小葱 / 10g	糖 / 5g
蒜 / 10g	生粉 / 50g

~~~ TIPS ~~~

选用八角丝瓜，即广东丝瓜口感更好些。丝瓜不宜切太小块，不然美观和口感上都有影响。丝瓜去皮时保留少许绿色嫩皮，翠绿相间色泽诱人。

步骤 ▶▶▶

❶ 黄油老鸡砍块，东北小木耳泡水发，发好后再剪掉根部硬的部分，丝瓜去皮切滚刀状，嫩姜切姜片，小葱切片，蒜头切片，胡萝卜去皮切块，南瓜去皮切块，备用

❷ 备一锅热水，先将黄油老鸡余烫去血水洗净后，再备一锅水，将余烫好的黄油老鸡大火熬煮1个小时，同时将胡萝卜块、南瓜块放入果汁机内，加水打成泥，搅拌好的胡萝卜泥，再倒入快煮好的鸡汤内，小火煮30分钟，待鸡汤呈现香浓黄色的色泽后，起锅过滤，备用

❸ 拿个小锅子煮一锅热水，放少许盐、油，将丝瓜及东北小木耳余烫2分钟，捞起滴干多于的水分，备用

❹ 先将蒜片、姜片、小葱爆香，然后放入丝瓜、东北小木耳，放入少许盐、鸡粉、糖，拌炒一下，最后勾点薄芡后起锅装盘

❺ 再将熬煮好的鸡汤，放少许盐、糖调味，最后用生粉水勾点芡，淋在丝瓜的旁边即可

134

有些时候我好像能看到一束光
在我所烹饪的菜品上晕染开来，
我确切地知道这不是神旨，
而是在我内心深处得到了某种安适。

热闹而温情的
"幸运锅子"

很多人会把朋友聚餐选在餐厅，但有所局限的公众场合常常不能玩得尽兴。如果邀请朋友到家里，却又为如何准备这么多人的餐点而烦心。这个时候，建议你不妨试一下"Potluck"，是既省事，又热闹，但却不失情趣的聚餐新方式。

～～～～～～～～～～～～～～～～～～～～～～～～～～～～～～～～～～

　　"Potluck"是国外常见的一种聚餐方式，光看这个英文单词也可以察觉出浓浓的趣味性。"pot"意为锅子，"luck"即幸运。在主人的提议下，几个朋友各自带着菜或甜品前来聚餐。

　　"Potluck"对于外国人来说是家常便饭，现在，这种聚餐方式也开始在国内普及开来。这种聚餐不仅要求有做菜的手艺还要具备运气。幸运的话，是一次饱尝美食的幸福大餐；倘若运气不佳，朋友带的菜都不符合自己胃口，就只能默默地在聚餐过后用汉堡填肚子了。不过，朋友在一起的快乐，早就抹去了饿肚子这点小小的不适了。

食物经过分享才变美

　　撇开我忙得无暇顾及其他的时间不说，我常常会在家组织聚会。我负责现场烧制的食物，而朋友们会带他们烧制的食物过来，还有的负责带些香槟饮品过来。国外对"分享"这一概念非常重视，这样的聚会无疑就是对美食与美酒的分享。

138

在分享中，与朋友的交流和沟通是必不可少的，更可以说是一种了解，谁喜欢吃什么谁又对什么过敏，一餐下来必定能够获知一二。

快速的生活节奏使得大家各自忙碌，朋友相聚的日子少之又少。除了分享美食，这样的聚餐更像是一种对生活的分享。生活不易，没有时间抱怨生活，更是难得去聆听别人的喜怒哀乐，柴米油盐。无论朋友的手艺是生疏还是超水准，聚餐事实上聚的还是一种情怀。

食物准备恰当有讲究

许多人或许刚接触到此类形式的聚餐，或者是颇有兴趣准备尝试一下，然而看上去简单的聚餐方式也有许多讲究之处。不要因为想要炫耀下自己的厨艺而准备过于复杂的食物，在奔赴聚会地点的过程中没准会使你精心准备的食物面目全非。作为主人，当然希望朋友带来的食物最好是冷菜或者是方便加热和容易储存的。

聚餐前最好和朋友沟通好互相所带的食物，这样不会重复和过量造成浪费，主人家制作主菜（牛排，海鲜，烤鸡等），可以分配给朋友带饮品、甜品或者简单的主食（小汉堡、意大利面或者三明治）。同时，要注意荤素均衡，这样既营养健康又能够在摆盘上运用色彩好好设计一下。

如果想要使自己带来的菜品能够吸引朋友的眼球，那么可以选择不受条件限制的食物。聚会因为客观条件，食物长期放置在外面容易冷，所以即食的食物或者美观的甜品都是很讨巧的美食。

如何成为聚会高手

成为聚会高手，食物必然是一样利器，若是口味好，必定能夺得一众芳心。然而并非人人都精通厨房之事，倘若厨艺糟糕的话，只能负责买香槟和饮料了——当然，这是玩笑话。

不过的确可以制作很多美味简单的饮品，包括酒味的棒冰或者冰沙。还有些特别简单的开胃小吃，例如薯片沙拉，tapas（餐前小吃），都是不需要太多烹饪技巧又美丽的小食。

还可以在摆盘上要点小心机。食物本身可以考虑简单鲜艳的色彩搭配，例如三明治夹层里食物的色彩，烤鸡的配菜，烤串的蔬菜搭配，小汉堡可以搭配竹签小彩旗这些小装饰的点缀。

周到考虑造就完美派对

了解好参加聚会朋友的口味是最主要的，看是否有忌口，我见过有主人细心为吃素的朋友专门准备了水果、沙律等一些素食菜品。这样的主人你一定会想和他做朋友。

其次，人数和食物的分量是否充裕，带酒精和不带酒精的饮品都要考虑好。夏季如果不是酷暑就尽量选择到户外聚餐，冬季室内的聚餐则需要考虑食物的保温。食材选择方面首先应当考虑应季的食材。冬夏的饮品也要区分开来，冬季煮些热红酒，会很讨喜。

为了营造有个性又舒适自在的氛围，场地选择尽量开阔，这样烧烤烟雾不会有影响。现场尽量要有音乐，不会显得特别冷清，一些气氛配饰例如花、气球和灯饰如有时间和精力也可以纳入考虑。

国外聚餐不论在室内还是户外都很注重氛围和细节，除了食物本身，对于周遭环境的细节都很注意，不一定要刻意去装饰，简单的桌布就能体现你这次主题的风格。

"Potluck"拥抱中式创意

食物的口味可能分国界，但是聚会可以是一种相互学习的过程。在中国闯荡了那么多年，我也已经适应了过年一大家子人围坐在一起热热闹闹地吃饭，今天去这个亲戚家，明天去另外一家。

国外的聚餐形式在中国年轻人中越来越流行，常常可以看到社交工具上人们上传的照片，在户外聚餐派对上享用着各色西式美食。的确，西式美食可能更具有即食性，更能够创造派对的氛围。西式聚餐并不一定意味着就要迎合西方的食物口味。

我很喜欢在聚会上展示些中国的食物，而不是一味的沙律、牛排、BBQ（烧烤）。例如意大利面改成中国的鸡丝凉面，同样的烤鸡，它的口味不再是香草柠檬，或许是中式的辛香料的口味，而甜品不再是马卡龙不再是纸杯蛋糕，而是凤梨酥、萨琪玛，这才是真正意义上满足中国胃和充满中国味的聚会。

芬芳芋泥

金蒜油鸡枞意大利面

蒜香酥炸综合食

山葵沙丹虾球

Jereme 综合香料烤鸡

腐皮虾卷

健康大盆菜

梅子蕃茄开味菜

Fujian Style Mashed Taro
芬芳芋泥

芋泥是潮州人喜爱的美味甜品，在潮州人的家宴中，最后一道菜必是清香甜美、油而不腻的芋泥，香甜、酥软、入口即化。清香芬芳的芋泥融入了豆沙泥的香甜，口感丰富，再配上葡萄干、大红豆等补血气食材的加持，各色馅料好看又美味，是聚餐中不可多得的健康美食。

用料

芋头 / 1kg	红枣 / 6 颗
大红豆 / 80g	冰糖 / 150g
莲子 / 80g	水 / 150g
葡萄干 / 50g	豆沙泥 / 150g
白花豆 / 50g	梁食槐山蜂蜜 / 30g

步骤 ▶▶▶

❶ 大红豆、莲子、白花豆泡水 3 小时后蒸熟，芋头去皮切片，红枣去核，备用

❷ 将切好的芋头加入 150g 水、150g 冰糖，放入容器里，进蒸箱蒸 25 分钟后取出，戴上手套将芋头捣成泥状，待凉后，再把 150g 豆沙泥跟芋头泥拌均匀，备用

❸ 找个深碗，碗的底部铺上一层保鲜膜，将先前蒸好的豆类摆在最底部，接着将芋泥红枣肉、葡萄干等，掺杂的放入碗里，铺平，备用

❹ 将做好的芋泥整个放入蒸箱，蒸 18 分钟后，倒扣在盘子里，最后淋上梁食槐山蜂蜜即可

~~~~~~~ TIPS ~~~~~~~

去皮的芋头切好片，可以放入冰
糖一起去蒸。蒸的时候可以包上
保鲜膜，防止过多水分滴入芋泥
中。蒸好后再搅拌均匀，这样芋
头更绵密好吃。

Spaghetti with Confit Mushrooms and Fried Garlic
金蒜油鸡枞意大利面

作为西餐正餐中最接近中国人饮食习惯的面点，意大利面无需太多繁复的步骤就能打造出极简的美味，别看原料简单，照样能吃出醍醐真味。地道的意大利面都很有嚼劲，耐煮且不容易入味，因此需以酱汁或蒜油等调料提味，再配上经过秘制的鸡腿肉，口味醇厚、味道香浓，金黄的色泽也令人倍感温暖。

用料

意大利面 / 250g	洋葱 / 50g
梁食金蒜油鸡枞 / 1 罐	生抽 / 15g
盐 / 少许	大葱 / 50g
去骨鸡腿肉 / 300g	梁食秘制香辣料 / 20g
蒜头 / 15g	

步骤 ▶▶▶

❶ 煮一锅水放入少许盐，将意大利面煮 8 分钟捞起沥干水分，去骨鸡腿肉用生抽、梁食秘制香辣料腌制 15 分钟，蒜头切片，洋葱切丝，大葱切丝，备用

❷ 鸡腿肉用小火煎到熟，鸡皮煎到金黄酥脆，切片备用

❸ 在平底锅中倒入少许油，将蒜片跟洋葱炒爆香后，加入少许煮面的水，再把意大利面放入锅中，加入梁食金蒜油鸡枞，煮到汤汁被完全吸收，起锅，再摆放煎到金黄酥脆的鸡腿肉，放入大葱丝，即可

〜〜〜〜 TIPS 〜〜〜〜

意大利面口感劲道，煮的时间可以适当长一些，煮好之后过冷水，这样能保持弹性。意面不易入味，酱汁、蒜油等调味料不能太淡。

Fried Assorted Vegetables with Garlic
蒜香酥炸综合食

炸时蔬在日式料理中较为常见，特别的做法总是在饱腹之余令人眼前一亮。本就清新爽口的时蔬在被油炸过之后有酥香的口感。蔬菜的原料讲求新鲜，酥炸粉可以自行制作，也可以购买市面上的天妇罗粉来操作，但口感上还是有差异。美味又健康的油炸蔬菜外带做午餐便当也很方便。

用料

地瓜 / 200g

四季豆 / 50g

长茄子 / 100g

秋葵 / 100g

鲜香菇 / 100g

山苏菜 / 50g

蒜头 / 200g

梁食百搭调味料 / 30g

步骤 ▶▶▶

❶ 先将所有粉类、盐混合均匀后，用水调成面浆，最后再加入油搅拌均匀即可成为酥炸粉，如果方便也可以买市面上的天妇罗粉来操作，但相对来说口感上还是有差异

❷ 地瓜去皮切块，四季豆切掉两边的头，再对切两半，长茄子切滚刀块，鲜香菇拔掉蒂头对切两块，秋葵切掉根部，山苏叶切掉老的部份，所有时蔬切好，撒上生粉后放入调好的脆浆里面，每个时蔬都必须蘸到，备用

❸ 将蒜头切成末，再起个油锅将蒜头小火炸香，炸到金黄色后，用吸油纸吸掉多余的油分，然后再把炸好的蒜酥加入梁食百搭调味料，混合均匀备用

❹ 起一个油锅到180℃，把已包裹脆浆的时蔬放入油锅内炸，先将地瓜下锅（地瓜要炸8分钟），再把香菇、茄子、四季豆、山苏菜依序放入油锅内炸，炸熟后，再撒上先前拌好的蒜酥即可

酥 炸 粉 配 方

低筋面粉 / 200g	盐 / 10g
生粉 / 50g	油 / 50g
泡打粉 / 18g	

~~~~~~~ TIPS ~~~~~~~

这道炸时蔬的要领和天妇罗是一样的，原材料一定要够新鲜。炸综合时蔬时，不易熟的食材要先下锅（例如地瓜这样的食材）。

Crispy Fried Prawns with Wasabi Mayo, Pomegranate and Mango Salsa

山葵沙丹虾球

这道菜由于芥末的存在令人印象深刻，同时亦可根据自身的口味而做调整，芥末色拉酱，既有芥末的清香，又有色拉酱的醇香，喜欢口味呛的可以多放一点芥末。虾球的制作对火候要求非常高，爽弹十足的虾球需要起一个油锅到190℃，越是不起眼的细节，越体现功力。很多人尝过第一口就被这种味道吸引了，芥末的淡淡清香恰到好处。

用料

大虾 / 10 只	糖 / 50g
杧果 / 1 颗	鸡蛋 / 3 颗
石榴 / 1 颗	生粉 / 100g
虾卵 / 30g	盐 / 少许
白醋 / 100g	

芥末沙拉配方

蛋黄酱 / 300g	炼乳 / 70g
绿芥末粉 / 30g	柠檬原汁 / 60g
水 / 20g	法香 / 8g

步骤 ▶▶▶

❶ 将绿芥末粉加入水调成固体状，法香切成细末，接着将调好的绿芥末加入柠檬原汁搅散，呈现泥状，没有颗粒，再加入炼乳、蛋黄酱、法香末搅拌均匀，备用

❷ 把大草虾去壳，留虾尾最后一节的虾壳，开背去掉虾里面的虾肠，洗净沥干水分，加入少许盐，1 颗鸡蛋白，少许生粉，拌均匀后，腌制 20 分钟，备用

❸ 将白醋加入白糖，搅拌均匀，搅至糖完全化开，再把新鲜杧果去皮切成小细粒泡在调好的白醋里，备用

❹ 起一个油锅到 190℃，把腌制好的虾，上一层干的生粉，再把虾卷成球状，放进油锅炸 6 分钟后捞起，备用

❺ 准备个小盆子，里面放适量的芥末沙拉，将炸好的虾球完全裹覆芥末沙拉酱（喜欢口味呛一点可以放一点），再放入所需装盘的盘子，上面摆放刚刚泡过醋的杧果细粒（只要杧果粒，不要醋），再撒点虾卵装饰一下即可

150

Jereme 综合香料烤鸡

烤鸡是一件很简单的事情，只要将鸡腌好，再放入烤箱烘烤就可以了，但如何做得美味，却是非常讲究的。在节日宴会上，不妨来一道香料烤鸡增添食欲。一般的烤鸡以香料提味，但我们还可以加入鲜香菇、茭白笋等辅料，与众不同的新鲜感霎时顿现。鲜上加鲜的味蕾感令亲朋好友难以忘怀。

用料

玉米全鸡 / 1 只 (约 1.25kg)	
茭白笋 / 300g	
鲜香菇 / 100g	
小葱 / 60g	
嫩姜 / 150g	
白酒 / 50g	
鸡饭老抽 / 60g	
梁食百搭调味料 / 50g	

步骤 ▶▷▶▷

❶ 玉米全鸡洗净，茭白笋去外皮，鲜香菇去蒂头，小葱切葱花，嫩姜切姜末，备用

❷ 切好的姜末跟葱花放入梁食百搭调味料，搅拌均匀后，再烧约 100g 的油（约 90℃）倒入搅拌均匀的姜末里，备用

❸ 煮一锅热水，先将全鸡的表面烫熟，呈白色，接着将调好味道的姜姜涂抹在鸡里面，涂抹均匀后，再把茭白笋、香菇塞在鸡的肚子里，最后用鸡饭老抽均匀涂抹鸡的外表，涂抹均匀后，风干鸡 1 个小时，备用

❹ 将烤箱预热到 210℃，把腌制好的全鸡先用烤盘纸包住内层，外层再用锡箔纸包住，经烤箱烤 1 小时 10 分钟，即可完成

~~~~~~~ TIPS ~~~~~~~

在腌制的时候调料要抹得均匀，最好鸡腹内也要抹调料。烤鸡的烤盘纸一定要抹一层油，这样烤出来的鸡皮才不会跟纸黏在一起。

Shrimp Rolled with Tofu Skins
腐皮虾卷

这道鲜虾腐皮卷的做法跟春卷很类似，只是多了一股浓浓的豆香，更加美味。腐皮能
锁住鲜虾的鲜美，经过油炸之后让其独具风味。但切记炸腐皮卷的时候油温要控制得
当，先小火炸熟后大火逼油，这样炸起来的腐皮外衣才不会过油。炸过之后的腐皮卷
金黄油润，鲜香可口，腐皮酥香，虾馅味鲜，是一道非常不错的饮茶小点。

用料

草虾 / 800g	薄腐皮 / 12 张	糖 / 少许
鲜鱿 / 150g	面粉 / 30g	白胡椒粉 / 少许
芦笋 / 100g	盐 / 少许	香油 / 少许
猪网油 / 100g	鸡粉 / 少许	

❶ 将 20 只草虾去壳，尾巴最后一节虾壳不去掉，然后开背，取掉沙肠，在虾开背处用刀背剁数下断筋（防止炸虾时卷曲），备用（图 a）

❷ 把另一半的活草虾剥掉全部的虾壳，去掉沙肠，接着将鲜鱿洗净，去掉内脏及外层的皮，把草虾跟鲜鱿剁成泥状，然后调味，放入盐、鸡粉、糖、胡椒粉、香油搅拌均匀，把虾泥打到起胶，由高处往盆子摔打（此用意是增加虾浆的口感），备用

❸ 芦笋去皮，切成跟开背整只虾一样的长度，烫水后泡冷水备用。猪网皮剪成可以包虾卷的大小，包腐皮一大张切成两张的大小，面粉加水调成面糊，备用

❹ 先将整只草虾开背处放进一只芦笋，接着将先前做好的虾泥把芦笋包住，再把猪网油包住虾肉，虾尾处不包，拿张薄腐皮，把做好的虾，放进去，用腐皮再包上一层，开口处，用面糊粘住，重复包 20 只，备用（图 b ~ h）

❺ 起一个油锅，用 160℃ 的油把虾炸熟，最后要起锅前把油温升高到 190℃，炸 30 秒后捞起，沥干多余的油分，即可

~~~~~~~ TIPS ~~~~~~~

包腐皮的接口处需用面糊粘紧，否则虾肉会出来。炸的时候要小心翻动，腐皮容易破。注意火候，炸的时间不要过长，不然腐皮容易焦掉。

Cantonese Style Mixed Dishes in Basin

健康大盆菜

低卡路里、零负担的综合盆菜可作为前菜推荐给生活压力较大的人群。这道菜以荤素搭配、数十种健康食材相辅相成的方法制作，其中牛油果营养价值极高，水果番茄、西柚帮助美白，当然，食肉者也可以加入培根及鸡胸肉，配上一定量的蔬菜，有利于排毒、美容养颜、瘦身纤体以及分解脂肪。

用料

罗马生菜 / 300g	牛油果 / 2颗
芝麻生菜 / 150g	石榴 / 1颗
苦菊 / 50g	西柚 / 1颗
奶油生菜 / 100g	水果蕃茄 / 200g
紫萝生菜 / 100g	锅巴 / 3片
秋葵 / 100g	鸡胸肉 / 300g

凤梨起司沙拉用料

凤梨 / 235g
蛋黄酱 / 165g
柠檬汁 / 17g
原味奶油奶酪 / 200g
梁食槐山蜂蜜 / 20g
培根 / 30g

步骤 ▶▷▷

❶ 将所有生菜洗净，秋葵烫水后泡冰水，牛油果去皮切块，石榴去皮取果实，西柚剥掉外皮取果肉，水果蕃茄洗净去掉蒂头，锅巴用热油炸脆，鸡胸肉用平底锅煎至两面金黄色后放入烤箱，175℃烤12分钟，然后切片，以上食材备用

❷ 将新鲜凤梨去皮取235g果肉、蛋黄酱165g、柠檬汁17g、原味奶油奶酪200g、梁食槐山蜂蜜20g、培根30g（需切小粒，用平底锅炒香，炒到脆口）接着全部食材用果汁机打均匀，备用

❸ 把先前洗净备好的蔬果放入要呈现的盘子里，淋上特调的凤梨起司沙拉酱在上面，健康美味，零负担

~~~~~~~~~ TIPS ~~~~~~~~~

选用新鲜的蔬菜，用冰水浸泡，这样处理后口感更好。各种蔬菜的处理方法不尽相同，绿叶菜尽量手撕，保留营养。最后要注意摆盘。

梅子蕃茄开味菜

夏日炎炎似火烧，人懒懒的，嘴也变得越发刁钻了。此时一道梅子小番茄开胃前菜绝对是初秋时节女性必备的快手小甜品。入口之际，酸酸甜甜中还有着一股幽幽的梅子清香，凉凉的吃起来特别开胃。此外，当饭后的小点心也非常不错，具有解除油腻的作用。

用料

话梅 / 10 颗	糖 / 500g
水果蕃茄 / 600g	梁食槐山蜂蜜 / 100g
水 / 800g	白醋 / 400g

步骤 ▶▶▶

❶ 将水果蕃茄去蒂头，然后在蕃茄表面划上十字两刀（方便等一下去蕃茄表皮），接着煮一锅热水，水滚后将蕃茄丢入热水中煮1分半钟（勿煮过久，以免影响蕃茄口感），捞起泡冰水，剥掉蕃茄外皮，沥干水分，备用

❷ 在800g的水中加入500g的糖、10颗话梅，煮到糖完全溶化后待凉，完全凉后再加入梁食槐山蜂蜜100g，白醋400g，搅拌均匀，备用

❸ 将剥好皮的水果蕃茄，放入煮好的梅子蜂蜜水里，封上保鲜膜放入冰橱冰上1天，蕃茄完全吸附上梅子蜂蜜水的味道，即可食用

～～～～ TIPS ～～～～

这道菜口味酸甜，糖水要有甜度，不然就太淡了。煮梅子糖水一定要完全冷却后，才可以将处理过的番茄放进去。

图书在版编目（CIP）数据

总有一顿饭值得你亲力而为 / 梁子庚著. –– 北京：
中信出版社，2015.11
ISBN 978-7-5086-5649-6

Ⅰ. ①总… Ⅱ. ①梁… Ⅲ. ①菜谱 Ⅳ.
①TS972.12

中国版本图书馆CIP数据核字(2015)第258212号

总有一顿饭值得你亲力而为

著　　者：梁子庚
策划推广：中信出版集团股份有限公司
出版发行：中信出版集团股份有限公司
　　　　　（北京市朝阳区惠新东街甲4号富盛大厦2座　邮编　100029）
　　　　　（CITIC Publishing Group）
承印者：上海盛通时代印刷有限公司

开　　本：787mm×1092mm　1/16
印　　张：10　　　　　　　　　　　　字　　数：50千字
版　　次：2015年11月第1版　　　　　印　　次：2015年11月第1次印刷
广告经营许可证：京朝工商广字第8087号
书　　号：ISBN 978-7-5086-5649-6/G·1262
定　　价：48.00元